時間と空間の謎を解き明かす

図でよくわかる

対性理論

JN026022

はじめに

「相対性理論」は，その名を知らない人はいないほど
とても有名な理論です。
しかし，むずかしそうだと感じる人も多いのではないでしょうか。

相対性理論は，時間と空間の不思議な性質や，
重力の正体を解き明かす理論です。
現代の物理学や宇宙の研究に欠かせないだけではなく，
地図アプリに利用される「GPS」など
私たちの身近なところにも活用されています。

この本では，わかりやすい絵や図をふんだんに用いて
相対性理論をゼロからやさしく紹介します。

天才物理学者アインシュタインが柔軟な発想力で生みだした
おどろきの理論を存分にお楽しみください。

4 重力の正体は時空のゆがみ

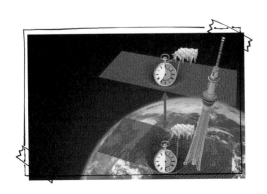

5 相対性理論から生まれた現代物理学

1

「相対性理論」とは, どんな理論だろう

アインシュタインが20世紀のはじめに発表した相対性理論は, それまでの物理学の常識をくつがえす画期的な理論でした。いったい, どのような理論なのでしょうか？ 1章では, 相対性理論のエッセンスを簡単に紹介します。

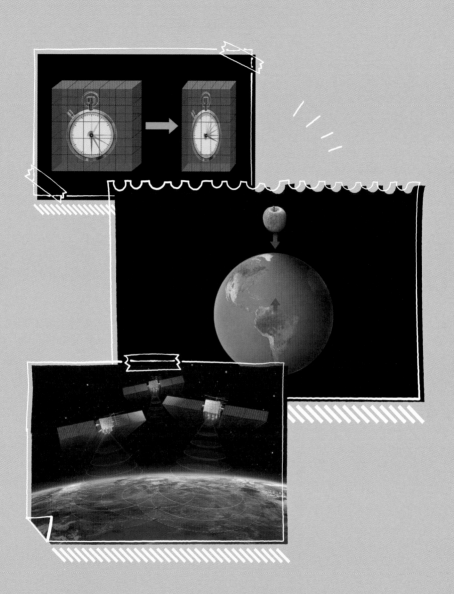

発端は，アインシュタインが16歳のときの疑問

光の速さで飛んでいるとき，鏡に顔は映るのか？

相対性理論は，天才物理学者アルバート・アインシュタイン（1879～1955）がとなえた理論です。はじまりは，アインシュタインが16歳のときに抱いた，次の疑問でした。

「もし自分が鏡を持って光の速さで飛んだら，鏡に顔が映るのだろうか？」（1）。

私たちの顔が鏡に映るのは，顔から出た光が鏡に届き，反射して自分の目にもどってくるからです。しかし，もし自分が鏡を持って光と同じ速さで飛んだとしたら，光は鏡に届くのでしょうか？

では，光を音に置きかえて考えてみましょう。音は空気中を伝わる波（音波）で，秒速約340メートルで進みます。たとえば，音速で飛ぶ旅客機の先端から音を出したとします。旅客機も秒速約340メートルで飛んでいるため，旅客機から見ると音波の速さは差し引きでゼロになります。つまり，音は音速で飛ぶ旅客機の前に出ることはないのです（2）。

もし光が音と同じ性質なら，光速で飛ぶ人の顔から出た光はその人を追い抜けないため，鏡に届かないことになります。このとき，飛んでいる人には光が止まっているようにみえるはずです。しかしアインシュタインは，「止まった光」などありえないと考え，悩みました。

この疑問が，やがて相対性理論へとつながったのです

1. 光速で飛ぶアインシュタイン（空想）

顔から出た光

鏡から
もどってくる光

鏡

光は鏡に届く？　顔は映る？

音速で飛ぶ旅客機の前方
には，音波は伝わらない。

2. 音速で飛ぶ旅客機

旅客機の速さ
（秒速約340メートル）

0.06秒前の音源

0.05秒前の音源

0.04秒前の音源

0.03秒前の音源

0.02秒前の音源

0.01秒前の音源

音源

0.01秒前に出た音波

0.02秒前に出た音波

0.03秒前に出た音波

0.04秒前に出た音波

0.05秒前に出た音波

0.06秒前に出た音波

音速
（秒速約340メートル）

音波は音源から円（球）を
えがいて伝わる

特殊相対性理論は、時間と空間についての理論

時間の進み方と空間の長さは、見る立場によってことなる

ア インシュタインは1905年に「特殊相対性理論」を発表し、さらにその10年後に「一般相対性理論」を発表しました。

特殊相対性理論とは、時間と空間についての理論です。簡単にいうと、**「時間や空間の長さは、だれにとっても同じではなく、立場によって変わる相対的なものだ」**ということを明らかにした理論です。

特殊相対性理論によると、高速で移動する物体の中では、時間の進み方が遅くなり、空間が短くなります。右の図を見てください。宇宙空間で静止しているアリスから見ると、高速で進む宇宙船の中にいるボブの持ったストップウォッチは、ゆっくり進んでいます。また、アリスから見ると、ボブの体を含めた宇宙船内のあらゆる物の長さが進行方向にちぢんでいます。**特殊相対性理論によると、時間と空間はいっしょにのびちぢみするのです。**

宇宙船の外にいるアリス

のびちぢみする時間と空間

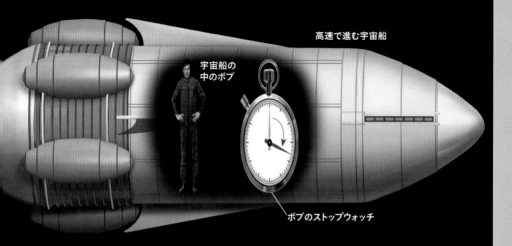

高速で進む宇宙船

宇宙船の
中のボブ

ボブのストップウォッチ

アリスのストップウォッチ

●アリスから見ると，ボブのストップウォッチは，
　ゆっくり進んでいる

●アリスから見ると，ボブの体を含めた宇宙船内
　のあらゆる物の長さが進行方向※にちぢむ

※：進行方向と直交する方向（図の縦方向）にはちぢ
　みません。したがって，円形のものなら楕円になり
　ます。

時間や空間は、切りはなせない関係

私たちの住む世界は、
時間と空間が一体となった「4次元時空」

時間と空間ののびちぢみは連動する

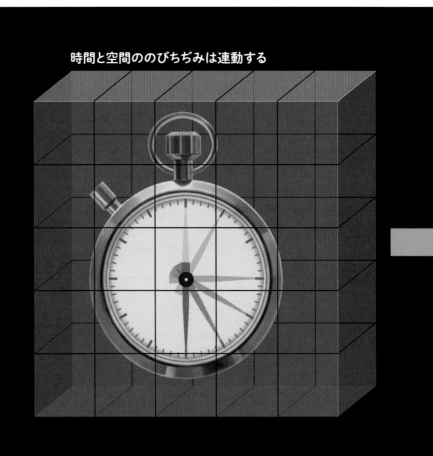

特殊相対性理論によると，時間と空間は別々に変化するのではなく，いっしょに長くなったり短くなったりします（前ページ）。

特殊相対性理論の登場以降，時間と空間は一体のものであるとみなされるようになりました。そして両者はまとめて「時空」とよばれるようになりました。私たちの住む世界は，「線」「面」「立体」からなる三つの空間次元と一つの時間次元をもつ，「4次元時空」といえるのです。

特殊相対性理論の「特殊」は，特殊な状況でのみ使えるという意味です。特殊相対性理論は，「重力の影響がない」「観測者が加速度運動していない」という条件のもとでしか使えません。そこでアインシュタインは，特殊相対性理論を，より一般的に通用する理論へと発展させました。それが，「一般相対性理論」です。

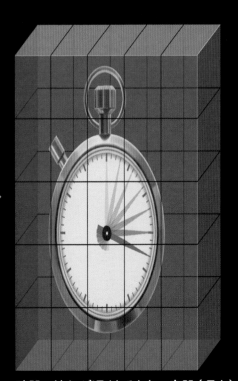

時間と空間は，いっしょに変化する

右のストップウォッチは，左のストップウォッチよりもゆっくり進んでいます。つまり，時間の流れが遅くなっています。このとき必ず，空間もちぢみます。

時間の流れが遅くなるとき，空間（長さ）もちぢむ

一般相対性理論は，重力についての理論

質量をもつ物体どうしは，万有引力で引き合う

特 殊相対性理論の発表からおよそ10年後，アインシュタインは時空と重力の理論である「一般相対性理論」を完成させました。

一般相対性理論が登場する前までの重力の理論は，17世紀にイギリスの物理学者アイザック・ニュートン（1642〜1727）が提唱した「万有引力の法則」でした。ニュートンは，質量をもつ物体どうしは，すべて万有引力（重力）で引き合うと考えたのです。リンゴが地面に落ちるのは，地球がリンゴを万有引力で引っぱっているから，というわけです。しかし，ニュートンは，なぜ万有引力が生じるかは説明しませんでした。

また万有引力は，どんなに距離がはなれていても瞬時に（伝わる速度が無限大で）はたらくと考えました。これは，特殊相対性理論にもとづく「光速（自然界の最高速度）よりも速く進むものはない」という考え（くわしくは2章）に矛盾します。

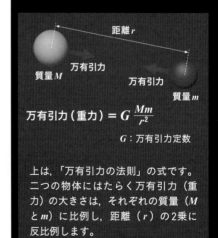

$$万有引力（重力）= G\,\frac{Mm}{r^2}$$

G：万有引力定数

上は，「万有引力の法則」の式です。二つの物体にはたらく万有引力（重力）の大きさは，それぞれの質量（Mとm）に比例し，距離（r）の2乗に反比例します。

落下するリンゴ

万有引力（重力）で
地球に引っぱられます。

地球も万有引力（重力）でリ
ンゴに引っぱられますが，地
球は質量が大きいのでほと
んど影響を受けません。

地球

ニュートンの万有引力の法則

ニュートンは，質量をもつ物体は，すべて万有引
力（重力）で引き合うと考えました。そして，ど
んなにはなれていても，万有引力は瞬時に（速度
が無限大で）伝わると考えました。

重力の正体は
時空の曲がり

質量をもつ物体はすべて
周囲の時空をゆがめる

ニュートンは，質量をもつ物体どうしはすべて「万有引力（重力）」で引き合う，と考えました。これに対して，アインシュタインは，質量をもつ物体の周囲の時空は曲がっている，と考えました。**アインシュタインが一般相対性理論で明らかにしたのは，重力の正体が「時空の曲がり」だということです。**

ボールが地面のくぼみ（曲がり）の影響を受けて転がり落ちるように，時空の曲がりの影響を受けてリンゴが地面へ落下したり，地球が太陽の周囲を公転したりするのです。**一般相対性理論によると，時空の曲がりは，物体の質量や密度が大きいほど大きく，物体に近いほど大きくなります。**

またアインシュタインは，時空の曲がりは，光速という有限の速度で伝わると考えました。**時空の曲がりが周囲に波として伝わっていく現象は，「重力波」とよばれます。**

一般相対性理論での重力（時空の曲がり）

3次元空間の曲がりを，2次元の面のへこみとして表現しました。地球は太陽がつくりだした時空の曲がりに沿って太陽の周囲をまわりますが，ほとんど真空の宇宙空間を公転するため，止まることはありません。

重力波は，時空の曲がりが周囲に伝わっていく現象

質量の大きい天体が，爆発したりはげしく動いたりすると，時空の曲がりが波となって周囲に伝わっていきます。これが重力波です（130〜131ページ）。

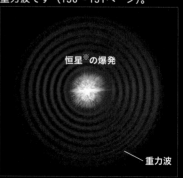

恒星※の爆発

重力波

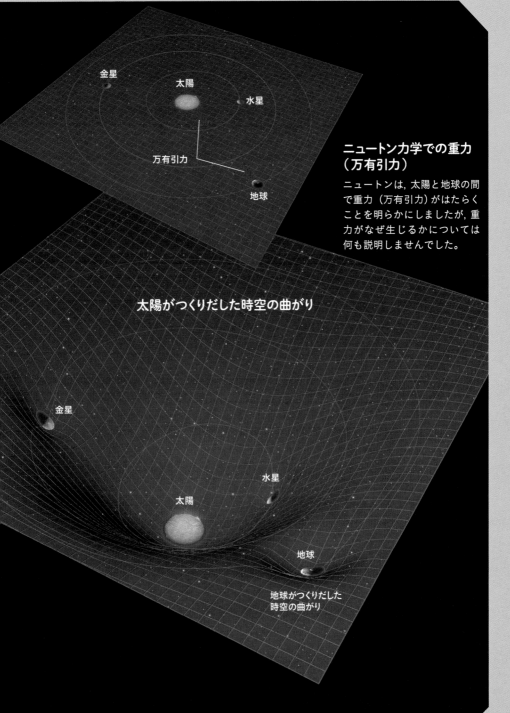

金星

太陽

水星

万有引力

地球

ニュートン力学での重力（万有引力）

ニュートンは, 太陽と地球の間で重力（万有引力）がはたらくことを明らかにしましたが, 重力がなぜ生じるかについては何も説明しませんでした。

太陽がつくりだした時空の曲がり

金星

水星

太陽

地球

地球がつくりだした時空の曲がり

※：太陽のようにみずからのエネルギーで光り輝く天体。

相対性理論がなければ GPSは成立しない

正確な位置を割りだす技術には 相対性理論が不可欠

G PS（全地球測位システム）が正確な位置を割りだす技術には，相対性理論がかかわっています。

GPSは主に「GPS衛星」と，カーナビやスマートフォンに搭載されている「GPS受信機」からなります。電波は光速（秒速約30万キロメートル）で進むため，「衛星から発せられた電波が受信機に届くまでにかかった時間×光速」から，衛星までの距離を求めることができます。こうした距離の測定を三つ以上の衛星から行うことで，受信機はみずからの位置を割りだせるのです。

ただし，**GPS衛星のある上空と地表とでは，重力の大きさがちがうため，時間の進み方もちがいます。**たとえば，時計が0.00001秒（10マイクロ秒）ずれただけで，衛星から受信機までの距離は3キロメートル（＝0.00001×30万）も変わってしまいます。相対性理論を考慮して時間のずれを補正しないと，正しい位置を示せないのです。

左の衛星から等距離の円
（時間の補正を行っていない）

左の衛星から等距離の円
（時間の補正を行っている）

2. GPS受信機が衛星までの 距離を求める

GPS衛星から発せられた電波は円（球）状に広がります。カーナビを搭載した車は，この円上のどこかにいることになります。

GPSのしくみ

上空2万キロメートルを時速1万4000キロメートルで飛ぶGPS衛星に内蔵された時計は，特殊相対性理論および一般相対性理論の効果によって，1日で30マイクロ秒ほど地上の時計よりも速く進みます。GPSではこの効果をあらかじめ考慮して，補正するように設計されています。

1. GPS衛星が電波信号を発信

GPS衛星はつねに，「現在位置」と「現在時刻」の電波信号を発信しつづけています。ある時刻における，それぞれの衛星から等距離な位置を，赤色，黄色，青色の円であらわしています。

真ん中の衛星から等距離の円（時間の補正を行っていない）

右の衛星から等距離の円（時間の補正を行っている）

時間の補正を行った場合の三つの円の交点（正しい位置）

時間の補正をしなかった場合の三つの円の交点（まちがった位置）

真ん中の衛星から等距離の円（時間の補正を行っている）

右の衛星から等距離の円（時間の補正を行っていない）

3. 三つ以上の衛星で現在位置を特定

ことなる三つ以上の衛星から電波を受信し，それぞれの衛星までの距離を計算すると，現在位置（図では円の交点）を特定できます。相対性理論によってあらわれる時間のずれを補正しないと，GPS受信機は自分の位置を正しく示せません。

コーヒーブレーク

アインシュタインって，どんな人？

アルバート・アインシュタインは，1879年にドイツのウルムで生まれたユダヤ系ドイツ人です。子供のころはひとり遊びが好きで，友達とはあまり遊ばなかったようです。数学に興味をもつようになり，16歳までに微分と積分を独学で勉強しました。

1895年，チューリッヒにあるスイス連邦工科大学を受験しますが，数学と自然科学の成績はよかったものの言語や歴史の成績が悪かったため，不合格でした。その翌年の再受験で無事に合格し，電気工学と物理学を学びました。大学卒業後は特許局に勤め，仕事のかたわら研究に打ちこみました。

1905年，物理学を一変させる「特殊相対性理論」を発表します。さらに，「光量子仮説」や「ブラウン運動の理論」など，5本の論文をたてつづけに発表しました。このため1905年は，「奇跡の年」とよばれています。

1915 〜 1916年には，特殊相対性理論を発展させて「一般相対性理論」を完成させました。また，宇宙論や量子力学などの研究にも取り組みました。そしてある時期から，重力と電磁気力を統一する「統一場理論」の研究に没頭しますが，それをなしとげることはかないませんでした。

1933年，ナチスのユダヤ人弾圧がはじまったため，ドイツを出国してアメリカに亡命し，プリンストン高等研究所の教授に就任します。そしてナチスの脅威を背景に，アメリカ大統領へ原子爆弾の開発を進言する手紙に署名しました。戦後，手紙に署名したことをひどく後悔したアインシュタインは，軍縮を訴えるなど，平和活動を行いました。

1955年4月11日，哲学者のバートランド・ラッセル（1872 〜 1970）とともに核兵器廃絶を訴える宣言に署名します。そしてその月の18日，心臓病のため76歳で死去しました。

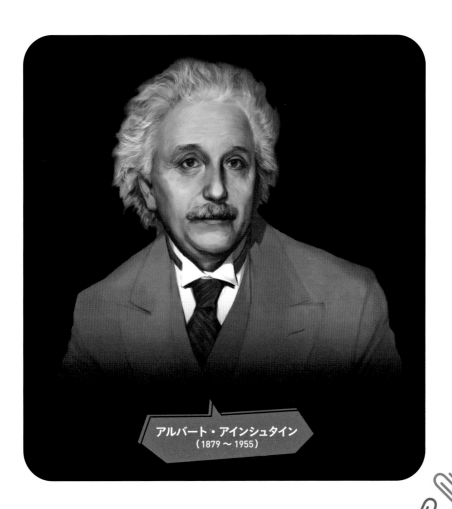

アルバート・アインシュタイン
（1879 〜 1955）

2

光に関する大発見

相対性理論は，光の速さに対する疑問からはじまりました。アインシュタインを悩ませた光の特殊な性質とは，どのようなものでしょうか。2章では光の正体をさぐりながら，相対性理論の土台となった「光速度不変の原理」と「相対性原理」にせまります。

相対性理論の根源「光に関する大発見」

速度は見る人の立場によって変わる

前進しながら投げると，球が速くなる

速度は，見る人の立場で変化します。たとえば，野球のピッチャーが時速150キロメートルの速球を投げた場合，キャッチャーには150キロの速球が届きます（**A**）。

次に，ピッチャーが時速20キロで動く台に乗って前進しながら，時速150キロの球を投げたとします（**B**）。すると，本来の球の速度150キロに前進した分の20キロが足されて，キャッチャーには170キロの剛速球が届きます。

今度は，ピッチャーがその場で投げた球を，キャッチャーが時速20キロで前進しながら捕球したとします（**C**）。キャッチャーから見た球の速度は，自分が前進する分の20キロが足されて170キロになります。ピッチャーにとっては自分が止まっていようと前進していようと，投げた球の速度はつねに150キロです。

このように，**速度は通常「絶対的」なもの**ではなく，見る立場によって変わる「相対的」なものなのです。

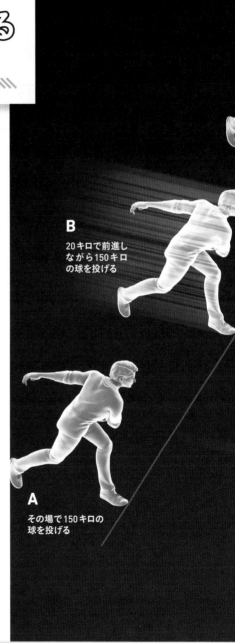

B
20キロで前進しながら150キロの球を投げる

A
その場で150キロの球を投げる

一般的な速度の足し引き

ピッチャーはつねに時速150キロメートルの球を投げるとします。
ピッチャーが前進（**B**）もしくはキャッチャーが前進（**C**）すると,
前進した分の速度が足され, キャッチャーから見た球速が増します。

C

その場で150キロの
球を投げる

キャッチャーから見た球速

170km/h

キャッチャーから見た球速

170km/h

C

20キロで前進
しながら球を
受ける

キャッチャーから見た球速

150km/h

B

その場で球を受ける

A

その場で球を受ける

光の速度は,どんなに勢いを つけても変わらない

光速は,だれも追い抜けない 自然界の最高速度

前ページと同じ状況を,球のかわりに光を使って考えてみましょう。光の速度は秒速約30万キロメートル※です。前ページと同じように,前進しながら光を放てば光の速度は速くなりそうですし,自分に向かってやってくる光を前進しながら観測したら,前進した分だけ光は速くみえそうです。

ところが,**光の放出源(光源)や観測者がどんなに速く動いても,光の速度はつねに秒速約30万キロメートルで変わりません(A〜C)。**これを「光速度不変の原理」といいます。

アインシュタインは,1905年6月に発表した特殊相対性理論の論文の中で,「光を放出する物体が止まっていようと動いていようと,光は一定の速度で進む」とのべています。光速度不変の原理はアインシュタインの単なる仮定と誤解されることもありますが,今や数多くの実験によって高い精度で確認されています。

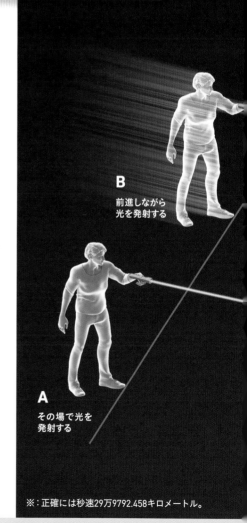

B
前進しながら
光を発射する

A
その場で光を
発射する

※:正確には秒速29万9792.458キロメートル。

光の速度は足し引きされない

手に持ったライトから光を発射し，はなれた場所にいる人が観測することを考えます。ライト（光源）が前進（**B**）もしくは観測者が前進（**C**）すると，前進した分の速度が足されて，光はより速く進みそうですが，実際はつねに一定（秒速約30万キロメートル）です。

C

その場で光を
発射する

観測者から見た光の速度

299,792.458km/s

C

前進しながら
光を観測する

観測者から見た光の速度

299,792.458km/s

B

その場で光を
観測する

観測者から見た光の速度

299,792.458km/s

A

その場で光を
観測する

相対性理論の根源「光に関する大発見」

どんなに高速の乗り物でも，内部の物の動きは同じ

相対性理論の土台となるもう一つの原理「相対性原理」

すれちがう宇宙船で考える相対性原理

宇宙船AとBは，（地球に対して）時速1万キロメートルですれちがうように，等速直線運動をしています。等速直線運動をしているもの（慣性系といいます）の中では，その速度がどんなに速かろうと，物の動き方（運動の法則）にちがいはありません。これが「相対性原理」です。

　ただし，加速や減速が行われると，この原理はあてはまらなくなります。たとえば，宇宙船Bが加速したら，電車が発進したときと同じように，船内の人は宇宙船のうしろの方向への力（慣性力とよばれます）を受けて，後方へと押しやられるでしょう。

宇宙船Aから
のながめ

宇宙船B

宇宙船A
（時速1万キロメートル
で進む）

次は，時速1万キロメートルで宇宙を進む2機の宇宙船が，すれちがうことを考えてみましょう。青い宇宙船Aの船内にいる人が赤い宇宙船Bが進むようすをながめると，「自分（宇宙船A）は止まっていて，宇宙船Bは時速2万キロで動いている」ように感じるはずです。

また，宇宙船の中で浮いている人がいたら，高速で進む宇宙船の動きに取り残されて，後方へ押しやられるようにも思えます。しかし，実際にはそうなりません。

一定の速度で進んでいる，つまり「等速直線運動」をしている乗り物の中では，その速度がどんなに速くても物の動き方（運動の法則）は同じです。このことは，上空を時速1000キロで安定飛行している飛行機の中でも，地上で停止している飛行機の中でも，同じように動けることからもわかります。

これを「相対性原理」といいます。

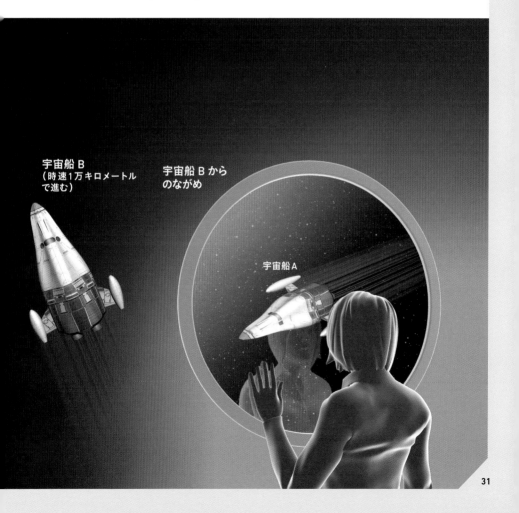

宇宙船B
（時速1万キロメートルで進む）

宇宙船Bからのながめ

宇宙船A

コーヒーブレーク

「相対性原理」は ガリレオが見いだした

日常生活でも体験できる ガリレイの相対性原理

たとえば，等速直線運動をしている電車の中で投げた球は手元にもどります。しかし，電車がゆれているときや急ブレーキをかけたときには，手元にもどりません。なぜならば，空中にある球は電車から何も力を受けないからです。

太陽

1. 動く船の上でも球は 真下に落ちる

17 世紀，天動説の支持者たちは地動説に対して，「地球が動いているのなら，真上に投げた球は手元にもどってこないはずだ」と主張しました。

それに対してガリレオ・ガリレイ（1564 ～ 1642）は，「船が止まっていようと動いていようと，船の上で球を落とせば，いつも真下に落ちる」と主張しました。これを「ガリレイの相対性原理」といいます。

実際には，船が加速していたり，ゆれていたりする場合は，球は真下に落ちません。つまり，ガリレイの相対性原理は，静止か等速直線運動している状態でしか成立しないのです。

アインシュタインはこの原理を拡張させ，「等速運動している場所では，すべての物理法則が静止した場所と同じようになりたつ」と考えました。これを「アインシュタインの相対性原理」といい，特殊相対性理論の出発点になりました。

太陽のまわりを公転する地球

2. 地動説

3. 地動説が正しくても
球は手元にもどる

ガリレオ・ガリレイ
（1564 ～ 1642）

「完全に静止した場所」は, どこにも存在しない!

太陽も銀河も動いている

太陽系

金星

太陽

地球

太陽系

宇宙から見れば，地上の建物の中で「止まっている」人も，地球の自転とともに動いているようにみえます。たとえば，東京にいる人（北緯約35度）は，地球の自転によって24時間で約3.3万キロメートルを1周しますから，時速1300キロメートル以上で動いていることになります。

地球は自転しながら，太陽のまわりを1年かけて公転しています。そして太陽も，地球などの惑星といっしょに，天の川銀河の中を2億年かけて公転しています。さらに，銀河どうしはたがいの重力によって，引き寄せられるように動いています。

このように視点を変えて考えると，宇宙の中で完全に静止している場所などないのです。かつてニュートンは，「宇宙には完全に静止した場所（座標）が存在する」と考えました。これを「絶対空間（座標）」といい，あらゆる物体の運動を考えるときの基準になるも

のとしました。絶対空間から見た物体の速さこそが，物体の真の速さだと考えられていたのです。

しかしアインシュタインは，「宇宙の中で静止した場所，つまり絶対空間を考えることには意味がない」と考えました。物体の速度は，見る立場によって変わる「相対的なもの」だと考えたのです。

視点を変えると必ず動いてみえる

公転運動の中心となる太陽や，天の川銀河の中心は静止しているように思えますが，見る立場や範囲を変えれば，必ず動いているようにみえます。

　また，宇宙の膨張を考えたとき，膨張の中心とよべる場所も存在しません。だれが見ても静止している場所は，宇宙のどこにもないのです。

火星

天の川銀河

天の川銀河の中心

天の川銀河

光を光の速度で追いかけると？

止まった光が存在するとは考えにくい

光速とのびちぢみする時間

「光を光速で追いかけると，どうみえるか」というアインシュタインの空想を図にしました。光は波（電磁波）の性質をもち，「止まってみえる」としたら，とても奇妙です。

波とは「振動の連鎖」

ロープの端を持って上下に振ると，前方に進行する波が生じます。ロープ上の1点に注目すると，上下に振動をくりかえしています。この点の振動が，すぐ隣の点の振動を引きおこし，その振動がさらに隣の点の振動を引きおこす……というような，振動の連鎖によって波は進むのです。

ロープの各部分は上下に振動している

波の進行方向

ロープ

ア インシュタインは16歳のこ
ろ，「光と同じ速度で光を追い
かけると，光は止まってみえるの
か？」と疑問に思いました（10〜11
ページ）。この疑問が，のちに相対
性理論の誕生へとつながります。
　それにしても，なぜアインシュタ
インは，「止まった光などありえな
い」と考えたのでしょうか？
　光（電磁波）には，波の性質があり
ます。ある場所での光の振動（電場
と磁場の振動）が，すぐ隣の場所で
の振動を引きおこし，さらにその振
動がそのまた隣の場所での振動を引
きおこす，といったことが連鎖的に
おきて，光の波は進んでいくのです。
　**止まった光とは，振動していない
光を意味し，そんなものが存在する
とは，物理学的に考えにくいのです。**

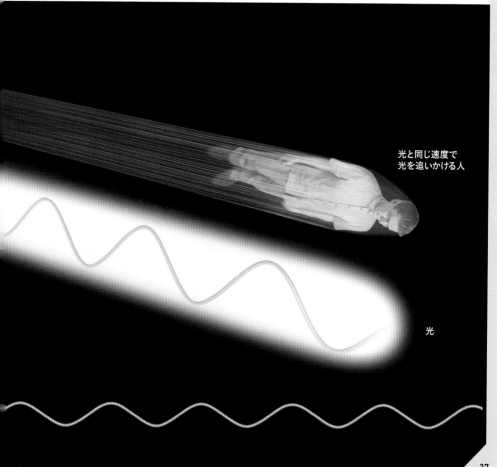

光と同じ速度で
光を追いかける人

光

相対性理論の根源「光に関する大発見」

光の正体は，電気と磁気がつくる波

電気は磁気を，磁気は電気を生じさせる

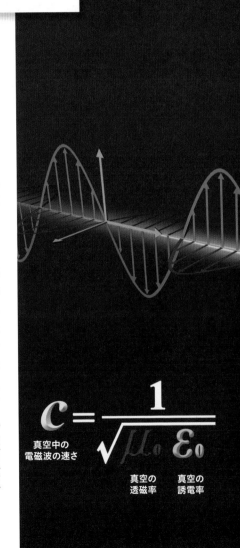

$$c = \frac{1}{\sqrt{\mu_0 \varepsilon_0}}$$

真空中の
電磁波の速さ

真空の
透磁率

真空の
誘電率

ア インシュタインが「止まった光などありえない」を考えた背景には，イギリスの物理学者ジェームズ・マクスウェル（1831～1879）がまとめた「電磁気学」がありました。

電磁気学とは，それまで別の現象と考えられていた電気と磁気が，影響し合うことを示した理論です。

磁石の周囲には，その磁力がおよぶ範囲である磁場が存在します。同じように，電気（静電気）の周囲には電場が存在します。たとえば，導線に電流を流すと，その導線の周囲には磁場が生じ，導線の近くに置いた方位磁石は動きます。逆に，磁石をコイルに近づけると，磁石の周囲に電場が生じ，コイルに電流が流れます。このように，電気は磁気を生じさせ，磁気は電気を生じさせるのです。

そして，電場と磁場の連鎖は，波のように進んでいきます。マクスウェルは，この波を「電磁波」と名づけました。

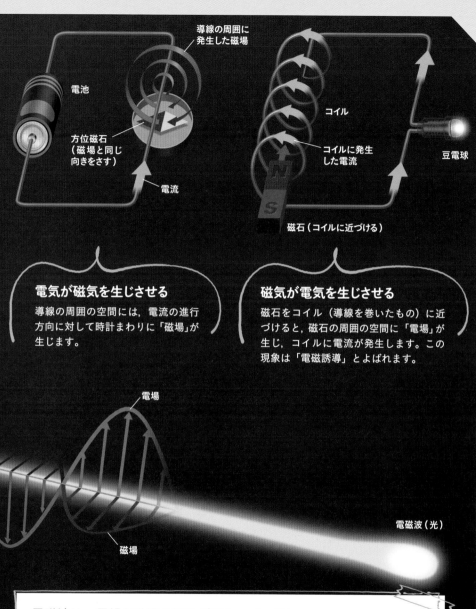

導線の周囲に
発生した磁場

電池

方位磁石
（磁場と同じ
向きをさす）

電流

コイル

コイルに発生
した電流

豆電球

磁石（コイルに近づける）

電気が磁気を生じさせる

導線の周囲の空間には，電流の進行
方向に対して時計まわりに「磁場」が
生じます。

磁気が電気を生じさせる

磁石をコイル（導線を巻いたもの）に近
づけると，磁石の周囲の空間に「電場」が
生じ，コイルに電流が発生します。この
現象は「電磁誘導」とよばれます。

電場

磁場

電磁波（光）

電磁波は，電場と磁場の振動が伝わっていく波

電気と磁場の振動方向は垂直になっています。真空中の電磁波の速さ（c）は，「真空
の透磁率（μ_0）」と「真空の誘電率（ε_0）」という二つの値から求めることができま
す。μ_0の値は約1.26×10^{-6} N/A^{2}で，ε_0の値は約8.85×10^{-12} F/mです。これらの値
から真空中の電磁波の速さを求めると，秒速約30万キロメートルになります。このこ
とから，光は電磁波の一種であることがわかりました。

光の速さは, だれから見ても同じ

光速の値は, 計算で 自然に求められる

マクスウェルは, 電気と磁気によってつくられる波を「電磁波」と名づけました(前ページ)。そして, 電磁波が進む速さを理論的な計算で求めました。するとその値は, 当時知られていた光の速度と同じ秒速約 30 万キロメートルになったのです。

電磁波の理論的な速度と光速が一致したことから, マクスウェルは電磁波と光は同じものだと結論づけました。

ちなみに電磁波には, 可視光(目に見える光), 可視光よりも波長(波の山と山の間隔)が長い赤外線や電波, 波長が短い紫外線や X 線, ガンマ線などがあり, 電磁波の種類は波長で分類されます。ただし波長がちがっても, 「秒速約 30 万キロメートル」で進むことにちがいはありません。

また, マクスウェルの電磁気学の理論では, 真空中の光の速さは「一定の値(定数)」としてみちびきだされます。つまり, 真空中の光速はつねに秒速約 30 万キロメートルです。そして, アインシュタインの相対性原理から考えると, どんな状況でもマクスウェルの理論がなりたつはずです。つまり, **真空中の光は観測する場所の速さや光源の運動の速さに関係なく, だれから見ても同じになるのです(光速度不変の原理)。**

アインシュタインはのちに, 「特殊相対性理論はマクスウェル方程式があったから完成し, マクスウェル方程式は特殊相対性理論によって満足できる理解が得られた」とのべています。

光速の値は，電磁気学から計算で求められた

下の式は，電磁波の波動方程式とよばれるもので，電磁波がどのように振動し，進んでいくかを教えてくれます。大学レベルの数学が使われているので，ここでは式のこまかな意味については気にしないでください。重要なことは，電磁気学にもとづいた計算によって，光速（電磁波の進む速度）の値を求めることができるという事実です。

電磁波の波動方程式（真空中の場合）

$$\frac{\partial^2 \vec{E}}{\partial t^2} = \frac{1}{\varepsilon_0 \mu_0}\left(\frac{\partial^2 \vec{E}}{\partial x^2} + \frac{\partial^2 \vec{E}}{\partial y^2} + \frac{\partial^2 \vec{E}}{\partial z^2}\right)$$

$$\frac{\partial^2 \vec{B}}{\partial t^2} = \frac{1}{\varepsilon_0 \mu_0}\left(\frac{\partial^2 \vec{B}}{\partial x^2} + \frac{\partial^2 \vec{B}}{\partial y^2} + \frac{\partial^2 \vec{B}}{\partial z^2}\right)$$

→

光速（電磁波の速度）

$$= \frac{1}{\sqrt{\varepsilon_0 \mu_0}}$$

$$= 秒速約30万キロメートル$$

注：$\vec{E}$は電場，$\vec{B}$は磁束密度とよばれるものです（アルファベットの上の矢印は，大きさと向きをもつ量〈ベクトル〉であることを示しています）。ε_0は電気に関係する定数で「真空中の誘電率」，μ_0は磁気に関係する定数で「真空の透磁率」とよばれるものです。$\frac{\partial^2}{\partial t^2}$は，「$t$での2階偏微分」という計算を意味します（$x$，$y$，$z$も同様）。

ジェームズ・マクスウェル
（1831 〜 1879）

41

物質の中を進むとき，光の速度は遅くなる

光速はどんな状況でも秒速約30万キロ……ではない

光速度不変の原理は，「真空中」の光についての原理です。したがって**物質の中を進むとき，光の速度は遅くなります**。光の通り道にある物質（原子）によって，光は"吸収"されたあとに"再放出"されます。この"吸収"と"再放出"が物質中では無数にくりかえされるため，光の進行が遅くなるのです。

実は真空中でも，光の速度が変化する場合があります。それは重力がはたらく場所を通るときです。強い重力によって生じる時空（時間と空間）のゆがみが，光を遅くすると考えられています（くわしくは4章）。

ただし，重力がはたらいている場合でも，観測対象の光に十分近づけば，時空はゆがんでいないとみなせる（重力の影響を無視できる）ため，光はやはり光速で進んでいます。光の速度が遅くみえるのは，重力がはたらく場所を通る光を，遠くから観測したときなのです。

ダイヤモンド
真空中の約41%

油
（パラフィン油）
真空中の約68%

物質中を進む光は遅くなる

さまざまな物質の中を進む光の速度（真空中の速度に対する割合［%]）を示しました。物質中を進む光の速度は，光の波長や物質の温度によってちがいます。たとえば，ガラス中を進む光の速度は，波長が短いほどより遅くなる傾向があります。図中の光の速度は，波長589ナノメートル（1ナノメートル＝100万分の1ミリメートル）の黄色い光が各物質中を進むときの速度です。

真空中の光の速度に対する
速度の割合

0%
10%
20%
30%
40%
50%
60%
70%
80%
90%
100%

真空

空気
真空中の約99.97%

氷
真空中の約76%

水
真空中の約75%

ガラス
（石英ガラス）
真空中の約69%

コーヒーブレーク

光は真空で伝わるが，音は伝わらない

音波の速度を，飛行機を基準に考えてみましょう。音は空気に対して秒速340メートルで進むので，秒速200メートルの飛行機を基準に考えると，音速は秒速140メートル（＝340－200）になってしまいます。このように，観測者を基準とした音速は，観測者（この場合は飛行機内の人）の運動速度によって変動します。

真空中を進む光

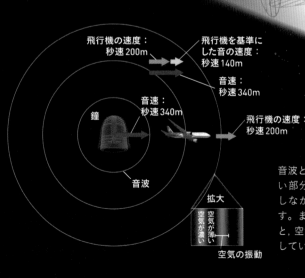

飛行機の速度：
秒速200m

飛行機を基準にした音の速度：
秒速140m

音速：
秒速340m

音速：
秒速340m

鐘

飛行機の速度：
秒速200m

音波

拡大

空気が薄い

空気が濃い

空気の振動

音波とは，空気の密度が高い部分と低い部分が振動しながら進んでいく波です。また，波の進行方向と，空気の振動方向が一致している「縦波」です。

音とは、「空気の振動が伝わっていく波」だといえます。空気の振動が耳の奥の鼓膜をゆらすことで、私たちは音を聞いているのです。波を伝える物質のことを「媒質」とよび、音の媒質は空気です。風が吹けば、空気自体が動くので、その中を伝わる音の速度も速くなったり遅くなったりします。

　光とは、「電磁波」の一種です。スマートフォンの電波や、赤外線、紫外線、レントゲン撮影に使うX線も、電磁波です。電磁波とは、簡単にいえば、「電場と磁場の振動が伝わっていく波」だといえます（38～41ページ）。

　遠い星からの光は、物質がほとんど存在しない宇宙空間、すなわち真空を伝わって地球にも届きます。音波は空気がないと伝わらないので、宇宙空間で音は伝わりません。

　光が真空中でも伝わるということは、「光には媒質が必要ない」ことを意味しています。

音は真空中では伝わらないが、光は真空中でも伝わる

左下は、音波のイメージです。音波とは、空気の濃い部分と薄い部分が振動しながら進んでいく波（疎密波）だといえます。つまり、空気がない真空中では、音波は伝わることができません。

　一方、光は媒質が必要ないため、真空中でも伝わることができます。

磁場の向きと大きさ
（青色矢印）

電場の向きと大きさ
（赤色矢印）

光の速度をこえることはできるか

光速は自然界の最高速度

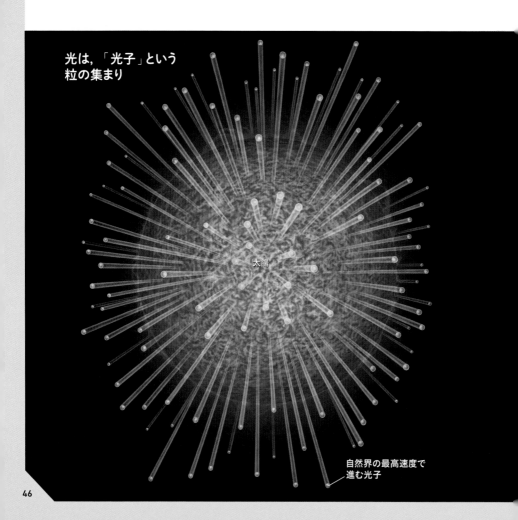

光は,「光子」という
粒の集まり

太陽

自然界の最高速度で
進む光子

光速には，「光速度不変の原理」のほかに，もう一つ非常に重要な意味があります。それは，「光速は自然界の最高速度であり，何ものも決して光速をこえることはできない」ということです。

実は，自然界の最高速度で進むものとは，「質量がゼロのもの」だということがわかっています。光は，「光子」とよばれる"エネルギーのかたまり"だといえます。そして光子の質量は，ゼロなのです。

自然界の最高速度（光速）で進むものは，光だけではなく，重力を伝える波である「重力波」もそうだと考えられています。重力波も，質量ゼロの「重力子」という粒の集まりだと考えることができるのです。

重力波とは

星の爆発など，質量の大きな天体に大きな変動があった場合，重力波が発生します。重力波とは，時空の曲がりが，水面に広がる波紋のように，波となって伝わる現象です。

星の爆発

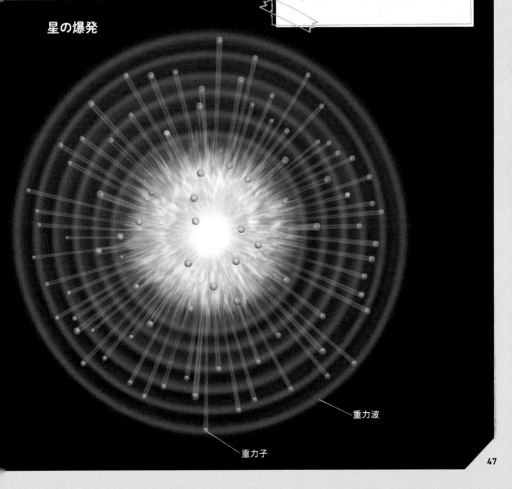

重力波

重力子

光速で進むものは
光だけではない

質量がゼロのものが，自然界の最高速度で進む

光速は自然界の最高速度です。光だけではなく，「重力波」も光速で進むことができます（前ページ）。2015年9月，人類は重力波の初観測に成功しました。約13億光年はなれた場所で，ブラックホールどうしの衝突によって生じた重力波が，地球まで光速で伝わったと考えられています。

また，素粒子※の一種である「グルーオン」も光速で進むことができます（右下の図）。グルーオンは単独で取りだせないため，直接その速度を測定できませんが，理論的に光速で動くとされています。

光速で進むものの共通点は，質量がゼロであることです。同じ力を加えたとき，質量が大きい（重い）ほど動きにくく，質量が小さい（軽い）ほど動きやすいため，質量がゼロであれば究極的にすばやく動けます。そのときの速度が，自然界の最高速度である光速（秒速約30万キロメートル）なのです。

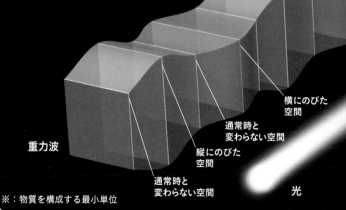

横にのびた
空間

通常時と
変わらない空間

縦にのびた
空間

通常時と
変わらない空間

重力波

光

※：物質を構成する最小単位

重力波の発生源
巨大な質量をもつ物体が，高速で動いたときに，地球上でも検出できるような大きな重力波が発生します。

周囲に波のように空間のゆがみが伝わる（重力波）

ブラックホール

光速で空間を伝わる重力波
空間が縦横にのびちぢみしながら，光速で伝わっていくのが重力波です。あらゆる物を貫通して進みます。

グルーオン　　　陽子

アップクォーク

アップクォーク

光速で力を伝えるグルーオン
陽子は，二つのアップクォークと一つのダウンクォークから構成されています。グルーオンは，それらを結びつける力（強い力）を伝える素粒子です。

ダウンクォーク

光速で進む，光以外のもの
実際の重力波による空間の変化はごくわずかで，2015年に観測された重力波による空間のゆがみは，わずか10^{-21}メートル（1ミリメートルの1兆分の1のさらに100万分の1）ほどでした。なお，重力波やグルーオンの速度も，理論的には，光速と同様につねに一定であると考えられます。

ニュートン力学をくつがえしたアインシュタイン

特殊相対性理論は,「ニュートン力学」と「電磁気学」をたがいにつじつまの合った理論とするためにつくられました。

ニュートン力学は,17世紀後半にニュートンが確立した理論です。**ニュートンは,「絶対時間」と「絶対座標(絶対空間)」を考え,それらを基準にして物体の運動を考えました。**ニュートン力学を支える柱の一つは,どの慣性系(静止しているか等速直線運動をしている場所)でも,力学法則が同じになるという「相対性原理」でした。ニュートン力学は長い間,自然現象のすべてを説明できると考えられていました。

電磁気学(38〜41ページ)は,19世紀に誕生しました。それまでの研究をもとにして,マクスウェルが1864年に電磁気学の基礎となる方程式をつくり,その方程式からは,光の速度は秒速約30万キロメートルで一定であることがみちびかれました。ニュートン力学から考えると,光を同じ速度で追いかけると光は止まってみえるはずです。しかし,マクスウェルの方程式がどんな観測者にとってもなりたつとすれば,光を光の速度で追いかけても光速で進んでいるようにみえるのです。

またマクスウェルの方程式から,光は電磁波の一種で,波として伝わっていくと考えられました。そして波を伝える媒質として,「エーテル」という物質の存在が信じられていました。エーテルはニュートンが考えた「絶対座標」に相当すると考えられましたが,多くの物理学者による精密な実験をもってしてもエーテルはみつかりませんでした。

そこでアインシュタインは,**「どんな観測者から見ても光の速度は不変である」とする「光速度不変の原理」と,「相対性原理」をもとにして,ニュートンが考えていた絶対時間と絶対空間は存在せず,時間や空間が運動状態によって変化するとしたのです。**

アインシュタイン以前に考えられていた「時間」と「空間」

ニュートンは、時間の進み方（1）や物の長さ（2）は、いつでも、どこでも、だれにとっても同じであるという、「絶対時間」と「絶対座標（絶対空間）」を前提としました。この図では、絶対座標を、同じ長さの辺で構成された格子として、絶対時間を、どの銀河でも同じ時刻をさし示す時計の針としてあらわしています。

1.
時間の進む速さは
どこでも同じ

2.
物の長さは
どこでも同じ

3

時間と空間は
のびちぢみする

特殊相対性理論によると，時間と空間はの
びちぢみし，見る人の立場によって変わり
ます。いったいそれは，どういうことなの
でしょうか。光速度不変の原理からみちび
かれる，奇妙な事実をみていきましょう。

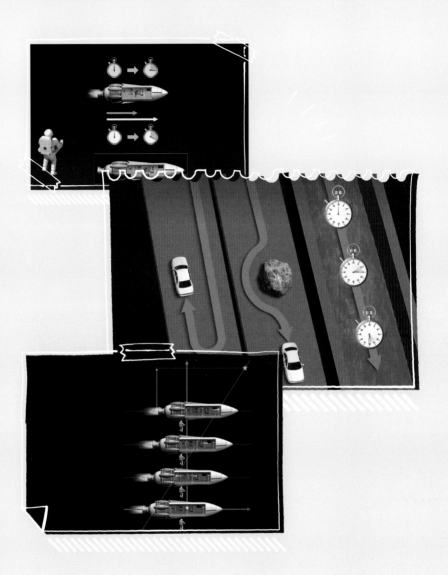

なぜ,『のびちぢみする』といえるのか？

時間と空間は,光速が変化しないようにのびちぢみする

30万km
静止したアリスから見て,1秒間に光が進んだ距離

24万km
静止したアリスから見て,1秒間に宇宙船が進んだ距離

次の例を考えてみましょう。光と秒速24万キロメートルで進む宇宙船とが，同時刻に同じ場所から“スタート”したとします。宇宙船の外で静止したアリスから見ると，1秒後には宇宙船は24万キロ進み，光は約30万キロ進んでいるので，光と宇宙船の間の距離は6万キロ（＝30万－24万）です。

　しかし2章で紹介した「光速度不変の原理」を認めると，宇宙船内のボブから見た光の速度も，秒速約30万キロです。つまりボブから見て，光は1秒後にはおよそ30万キロ先にいることになります。

　ボブから見た距離や時間は，アリスから見た距離や時間とはことなる，と考えるしかなさそうです。つまり，**時間と空間は，光速がどんな場合でも秒速約30万キロにみえるように，のびちぢみするのです。**

光（秒速約30万km）

1″00

宇宙船（秒速24万km）

1″00

ボブ

6万km
静止したアリスから見た1秒後
における光と宇宙船の間の距離

静止したアリスが推測する，
宇宙船内のボブから見た「光の速度」

$$= \frac{光の進んだ距離}{経過時間}$$

$$= \frac{6万km}{1秒}$$

$$= 秒速6万km$$
《光速度不変の原理に反している！》

宇宙空間で静止
しているアリス

光速に近づくほど，のびちぢみが大きくなる

のびちぢみは，速度によって変わる

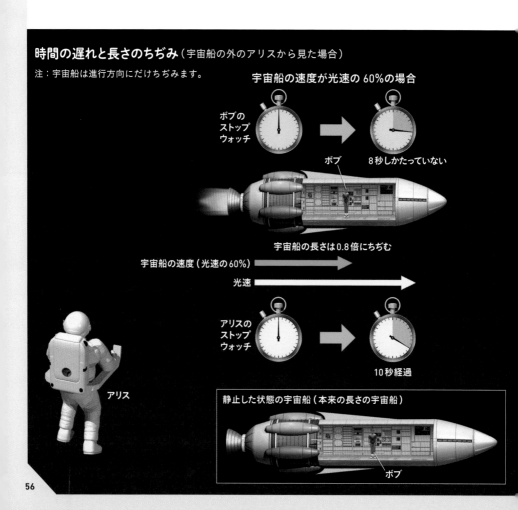

時間の遅れと長さのちぢみ（宇宙船の外のアリスから見た場合）

注：宇宙船は進行方向にだけちぢみます。

宇宙船の速度が光速の60%の場合

ボブの
ストップ
ウォッチ

ボブ

8秒しかたっていない

宇宙船の長さは0.8倍にちぢむ

宇宙船の速度（光速の60%）

光速

アリスの
ストップ
ウォッチ

10秒経過

アリス

静止した状態の宇宙船（本来の長さの宇宙船）

ボブ

56

は，どんな場合にどれだけの時間と空間がのびちぢみするのでしょうか？

　相対性理論によると，**観測者から見た運動速度が速いほど，運動する時計の進み方は遅くなり，運動する物体の長さは進行方向に短くなります。**

　仮に，光速の99%で進むことができる宇宙船があるとします。宇宙空間に静止したアリスが持っているストップウォッチが10秒進んだとき，アリスから見ると，ボブのストップウォッチは1.4秒しか進んでいません。宇宙船の中での時間の進み方が遅くなるのです。また，アリスから見ると，宇宙船の長さも，もとの長さの0.14倍にちぢんでしまいます。

　時間の遅れや物体のちぢみが目に見えてあらわれるのは，光速とくらべて無視できないほどの速さ，つまり秒速数万キロメートル以上のときです。**時間の遅れや物体のちぢみは，運動速度が光速に近づくほど，急激に大きくなっていきます。**

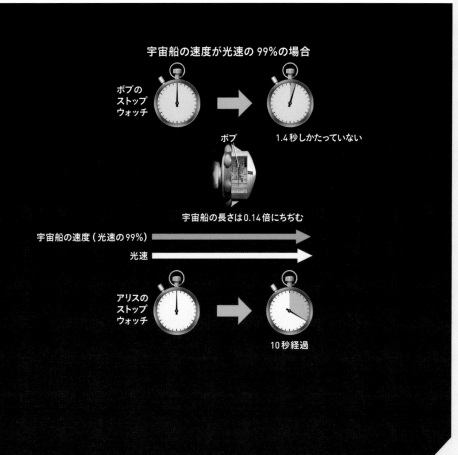

宇宙船の速度が光速の99%の場合

ボブの
ストップ
ウォッチ

ボブ

1.4秒しかたっていない

宇宙船の長さは0.14倍にちぢむ

宇宙船の速度（光速の99%）

光速

アリスの
ストップ
ウォッチ

10秒経過

のびちぢみしてみえるのは,相手の姿

宇宙船の中の人から見れば,動いているのは外の人

前 ページの宇宙船を,今度はボブの立場になって考えてみましょう。

速度は,それを見る立場によって変わります(26 〜 27ページ)。宇宙船の中のボブにとってみれば,動いているのはむしろ外にいるアリスのほうであり,静止しているのは自分と宇宙船のほうなのです。**そのため,ボブにとってみれば,時間の流れも,身のまわりの物体の長さも,ふだんと何一つ変わりません。**

逆に,動いているのはアリスのほうですから,むしろボブにとってみれば,アリスのストップウォッチの進み方のほうが遅くみえ,アリスの体が横方向にちぢんでみえることになります。

時間の遅れや長さのちぢみは,見る立場によってことなる,「相対的」なものなのです。

アリス

アリスの幅は
0.14倍にちぢむ

時間の遅れと長さのちぢみ（宇宙船の中のボブから見た場合）

注：アリスは横方向にだけちぢみます。

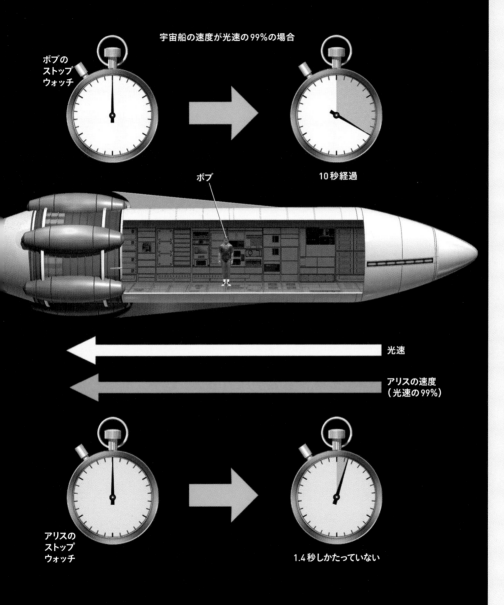

宇宙船の速度が光速の99%の場合

ボブの
ストップ
ウォッチ

10秒経過

ボブ

光速

アリスの速度
（光速の99%）

アリスの
ストップ
ウォッチ

1.4秒しかたっていない

コーヒーブレーク

新幹線に乗った人の時計は, どれだけ遅れる?

特殊相対性理論によると, 高速で移動するほど時間が遅れ, 空間がちぢみます。それでは, 高速で走る新幹線の中でも時間が遅れたり, 空間がちぢんだりするのでしょうか。

新幹線の速度を時速200キロメートル(秒速0.056キロ)とします。この速度をもとに計算すると, 新幹線の中にいる人の時計は, 駅のホームで静止している人の時計にくらべて, 1秒あたり100兆分の2秒ほど遅れます。また, 時速200キロメートルで走行している新幹線の長さは, 駅のホームに停車している新幹線にくらべて, 100兆分の2ほどちぢみます。

新幹線の速度は, 光の速さ(秒速約30万キロメートル)にくらべてずっと小さいため, 時間の遅れや空間のちぢみは, とても小さいです。駅のホームにいる人が, 通過する新幹線がちぢんでいることに気づくことは, 残念ながらできないでしょう。

ほぼ光速になると，時間がほぼ止まる

時間の遅れを利用しての宇宙旅行も原理的には可能

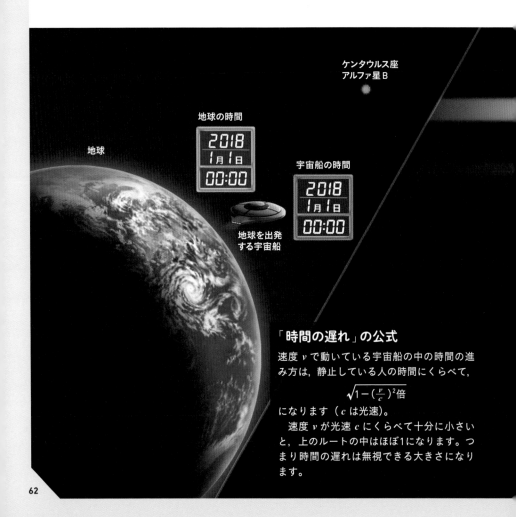

ケンタウルス座
アルファ星B

地球の時間

2018
1月1日
00:00

宇宙船の時間

2018
1月1日
00:00

地球

地球を出発
する宇宙船

「時間の遅れ」の公式

速度 v で動いている宇宙船の中の時間の進み方は，静止している人の時間にくらべて，

$$\sqrt{1-\left(\frac{v}{c}\right)^2} 倍$$

になります（c は光速）。

　速度 v が光速 c にくらべて十分に小さいと，上のルートの中はほぼ1になります。つまり時間の遅れは無視できる大きさになります。

こで,「光速に近い速度で進む宇宙船」があると仮定し,地球の"隣の恒星"の一つである,「ケンタウルス座アルファ星B」までの宇宙旅行を考えてみましょう。アルファ星Bまでの実際の距離は約4.3光年※ですが,計算を簡単にするため4光年とします。

　極端に光速に近い場合を考えましょう。光速の99.999999%で進むと,宇宙船内の時間の進み方は,地球から見て約0.00014倍になります。地球から見ると,宇宙船がアルファ星Bに到着するのは,ほぼ4年後です。しかし宇宙船内の時間では,約0.00056年後(＝4×0.00014),つまり約5時間で到着することになります。**ほぼ光速になると,時間がほぼ止まってしまうのです。**

　もっと光速に近い速度で進むことができれば,100万光年先だろうが1億光年先だろうが,"宇宙船時間"では短い時間内で到着することも,原理的には可能になります。

※：1光年は,光速で1年かかる距離。

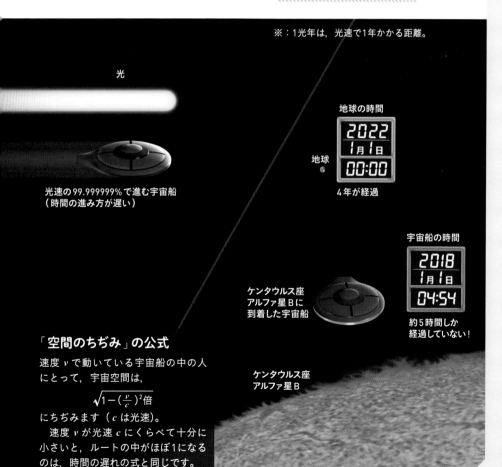

光

光速の99.999999%で進む宇宙船
(時間の進み方が遅い)

地球の時間

2022
1月1日
00:00

地球

4年が経過

宇宙船の時間

2018
1月1日
04:54

ケンタウルス座
アルファ星Bに
到着した宇宙船

約5時間しか
経過していない！

ケンタウルス座
アルファ星B

「空間のちぢみ」の公式

速度 v で動いている宇宙船の中の人にとって,宇宙空間は,

$$\sqrt{1-\left(\frac{v}{c}\right)^2}倍$$

にちぢみます(c は光速)。

　速度 v が光速 c にくらべて十分に小さいと,ルートの中がほぼ1になるのは,時間の遅れの式と同じです。

時間と空間を
一つの図であらわす

**時間を空間の1方向と同じように
あつかった時空図**

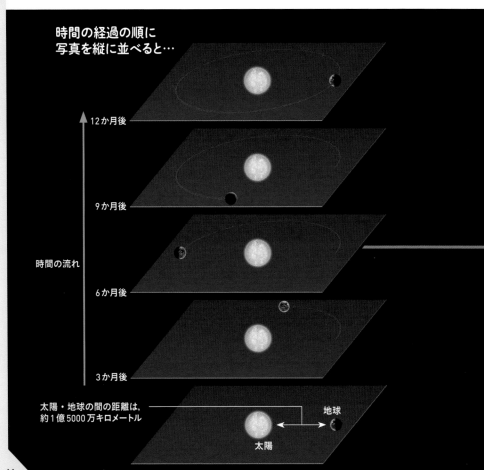

**時間の経過の順に
写真を縦に並べると…**

12か月後

9か月後

時間の流れ

6か月後

3か月後

太陽・地球の間の距離は,
約1億5000万キロメートル

地球

太陽

相対性理論では，時間を空間の1方向と同じようにあつかいます。左ページの図は，太陽と地球のスナップ写真を，撮影した順に，下から上に並べたものです。このようなスナップ写真を，時間の流れに沿ってすき間なく縦に並べたのが右ページの図です。縦軸は時間軸であり，あたかも時間を空間の高さのようにあつかっています。**このような図を，「時空図」とよびます。**

時空図を時間軸に垂直に切ったときの断面は，その瞬間の世界，つまり同時刻の世界をあらわしています。時空図の中には，物体がいつ（時間における位置），どこ（空間内における位置）にいるかという情報が両方とも含まれています。時空図は，歴史を一つの図形として表現したものといえます。**時空図のような視点で世界をながめることが，相対性理論の時間観・空間観です。**

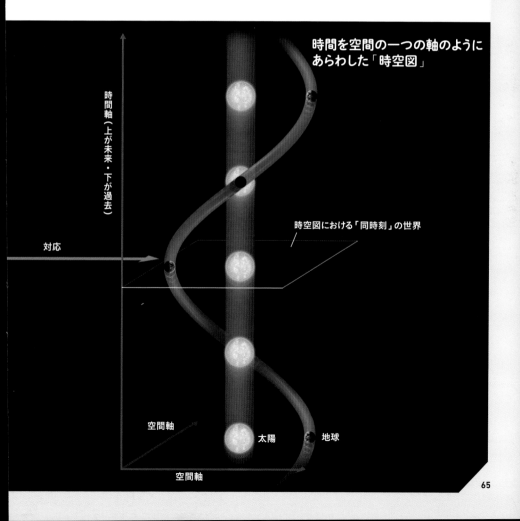

時間を空間の一つの軸のようにあらわした「時空図」

時間軸（上が未来・下が過去）

対応

時空図における「同時刻」の世界

空間軸

太陽　　地球

空間軸

時間と空間はのびちぢみする

時間と空間の
大きなちがいは？

空間は自由に動けるが
時間は一方向のみ

空間内は自由
に動きまわれる

空間内では，
後もどりすることが
できます。

時間と空間は，切っても切れない関係です。次の例を考えてみましょう。

ある場所で交通事故がおき，2人の目撃者があらわれたとします。彼らの証言が「○○町○丁目の○○交差点で事故がおきた」だけでは，同じ場所のことなる時刻に事故があった場合，区別できません。2人の目撃した交通事故が同じなのか別々なのかを判断するには，事故がおきた「場所（空間の位置）」の情報に加えて，「時刻」の情報も必要なのです。

どんなできごとでも，空間と時間に関する情報があってはじめて，それを特定できます。そのため物理学では，空間の座標と時刻はセットで考えられることが多いのです。

一方で，空間と時間には，大きなちがいもあります。空間内は上下左右を自由に移動できますが，**時間は，過去や未来に"移動"することはできません。時間は過去から未来へと，一方向に流れるのみなのです。**

66

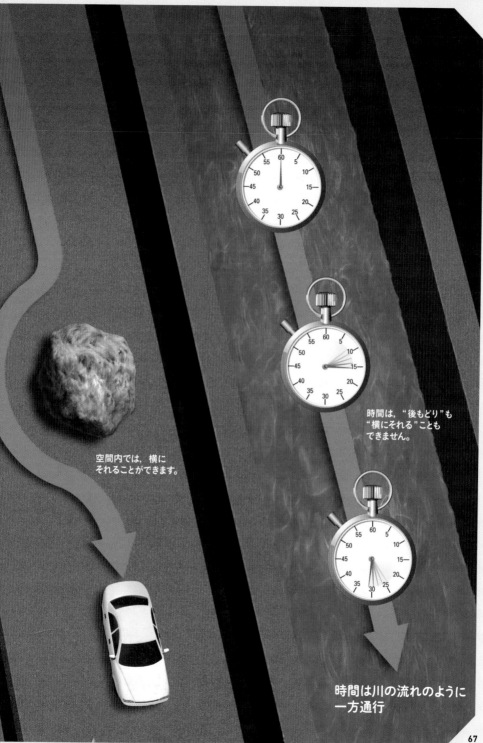

空間内では，横に
それることができます。

時間は，"後もどり"も
"横にそれる"ことも
できません。

**時間は川の流れのように
一方通行**

特殊相対性理論は『同時』の常識もくつがえす

動いている人と止まっている人の「同時」はちがう!?

宇宙船

宇宙船

　ここまで，アインシュタインの特殊相対性理論によって説明される時空ののびちぢみについて紹介してきました。ところが，くつがえされた常識は，これだけではありません。**特殊相対性理論は「同時」についての常識すらも，くつがえしたのです。**

　たとえば，光速に近い速度で右向きに進む宇宙船内の中央に光源があり，その左右の等距離の位置に光の検出器があるとします。そして，宇宙船内の中央にある光源から同時に左右に向かって光が放たれたとしましょう。光速は方向に関係なく，だれから見ても一定ですから，宇宙船の中のボブからすれば，左右の光は同時に左右の検出器に到達するはずです。

　では，光源から出た光を，宇宙船の外で静止しているアリスから見たらどうなるでしょうか？ 次ページでくわしくみていきましょう。

宇宙船の中のボブから見ると……

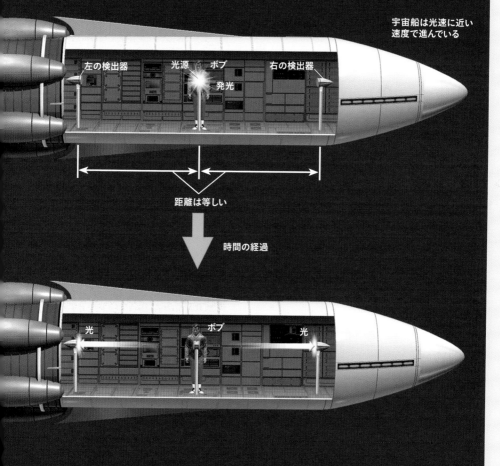

宇宙船は光速に近い
速度で進んでいる

左の検出器　　　光源　ボブ　　　　右の検出器

発光

距離は等しい

時間の経過

光　　　　　　　ボブ　　　　　　光

光は, 左右の検出器に「同時」に到達

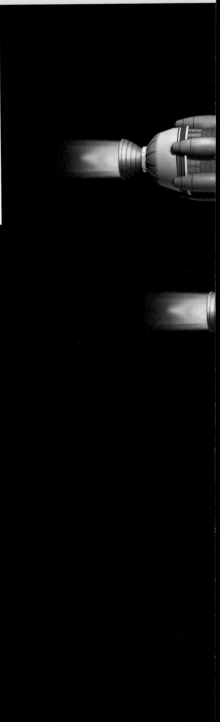

何が「同時」かは，見る立場で変わる

理解のかぎは「光速度不変の原理」

で　は，前ページの例を，宇宙船の外で静止しているアリスの立場でみてみましょう。光速度不変の原理を考えると，アリスから見ても光速は左右に一定の速度で進むことになります。

　しかし，アリスから見ると，宇宙船は右向きに光速に近い速さで進んでいるため，左側の検出器はどんどん光に接近していき，右側の検出器は光からはなれていきます。その結果，アリスから見ると光は左の検出器に先に到達し，右の検出器には遅れて到達することになります。

　つまり，宇宙船の中のボブから見て同時だった二つの光の到達が，宇宙船の外のアリスからすると，同時にはならないのです。

不思議な結果ですが，見る立場によって（運動速度によって）何が同時なのかは，ことなってくるのです。これを「同時の相対性」といいます。

宇宙船の外のアリスから見ると……

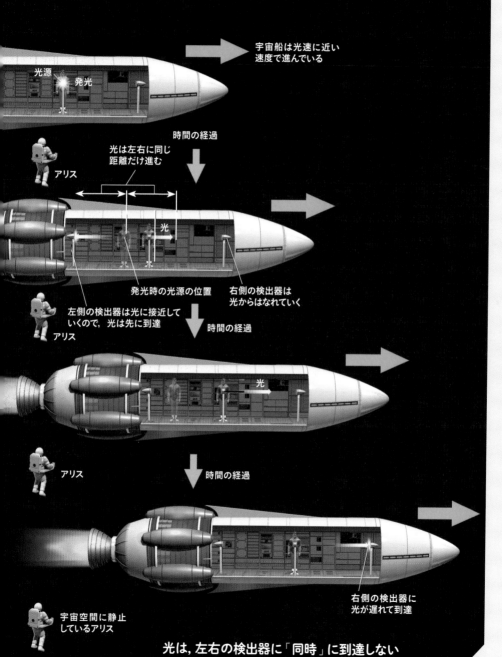

宇宙船は光速に近い
速度で進んでいる

光源　発光

時間の経過

光は左右に同じ
距離だけ進む

光

発光時の光源の位置

右側の検出器は
光からはなれていく

左側の検出器は光に接近して
いくので，光は先に到達

アリス

時間の経過

光

アリス

時間の経過

アリス

右側の検出器に
光が遅れて到達

宇宙空間に静止
しているアリス

光は，左右の検出器に「同時」に到達しない

遠くのできごとは未来のできごと？

空間的な距離と時間的な距離が，
見る人の立場によって"入りまじる"

右の図の横軸はアリスにとっての空間軸，縦軸はアリスにとっての時間軸です。空間軸は，アリスにとっての同時刻（時刻0〜3）をあらわす線でもあります。

68〜69ページでみたように，宇宙船の中のボブにとっては，「光が左側の検出器に到達した」のと，「光が右側の検出器に到達した」のは，同時です。つまりこの二つのできごとを結んだ，時空図において斜めに傾いた線（水色の点線）が，ボブにとっての同時刻の線ということになります。

さらにいえば，この傾いた線の上でのすべてのできごとが，ボブにとっての同時刻のできごとです。ボブにとってこの時刻を「今（現在）」だと考えましょう。この傾いた線の右上の延長線上でのできごと（図の星印）は，何であれ，ボブにとっては，まさに今おきた遠くでの（空間的にはなれた）できご

とです。

しかし宇宙船の外のアリスにとっては，右上に行くほど，時間がたった未来の（時間的にはなれた）できごとです（アリスにとっての時間軸でより未来側〈上側〉のできごと）。**つまり見る立場によって，「遠く」が「未来」に"入れかわった"ことになります。**

> ## 時空図
>
> 宇宙船の外のアリスからの視点を中心にえがきました。
>
> 注：縦方向は（アリスにとっての）時間軸なので，厳密にいえば，各宇宙船は，縦方向の厚みをゼロにしてえがかなくてはなりませんが，説明の都合上，厚みをもとのままにしてあります。

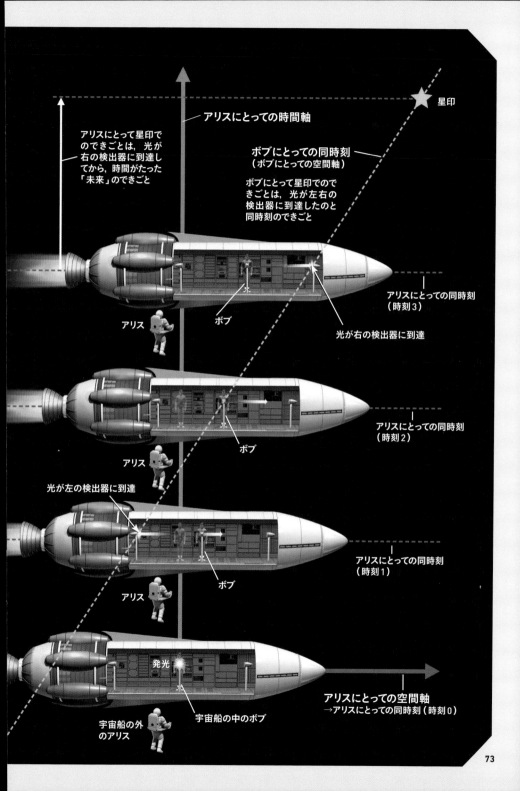

アリスにとっての時間軸

アリスにとって星印での
できごとは，光が右の検出器に到達してから，時間がたった「未来」のできごと

ボブにとっての同時刻
（ボブにとっての空間軸）

ボブにとって星印でのできごとは，光が左右の検出器に到達したのと同時刻のできごと

星印

アリスにとっての同時刻
（時刻3）

光が右の検出器に到達

ボブ

アリス

アリスにとっての同時刻
（時刻2）

ボブ

アリス

光が左の検出器に到達

アリスにとっての同時刻
（時刻1）

ボブ

アリス

発光

宇宙船の中のボブ

アリスにとっての空間軸
→アリスにとっての同時刻（時刻0）

宇宙船の外のアリス

光速に近い宇宙船から
地球を見ると……

宇宙船の進行方向に地球がちぢむ

光速に近い速度で進む宇宙船の中から外の景色を見たら，どのようにみえるのかを考えてみましょう。

宇宙からの放射線の一種である「ミューオン（ミュー粒子）」は，「電子」と同じマイナスの電荷をもつ電子によく似た粒子で，光速に近い速度で進みます。いま宇宙船が，ミューオンと同じ速度で地球に向かって並走しているとします。宇宙船の中の人からすれば，自分と宇宙船は止まっていて，動いているのはむしろ地球のほうです。

すると，56〜57ページでみた「宇宙船がちぢむ」のと逆のことがおきます。宇宙船の中の人から見れば，ほとんど光速で動いている地球や大気圏の厚さ，空間自体が進行方向にちぢんでしまうのです。

ただし，地球上の人にとってみれば，空間はちぢんでなどいません。あくまで空間のちぢみとは，見る人の立場（速度）によって変わる「相対的」なものなのです。

光速に近い速度で運動すると，地球が進行方向にちぢむ

図は，光速に近い速度で地球に接近する宇宙船の中の人から見た光景の想像図です。

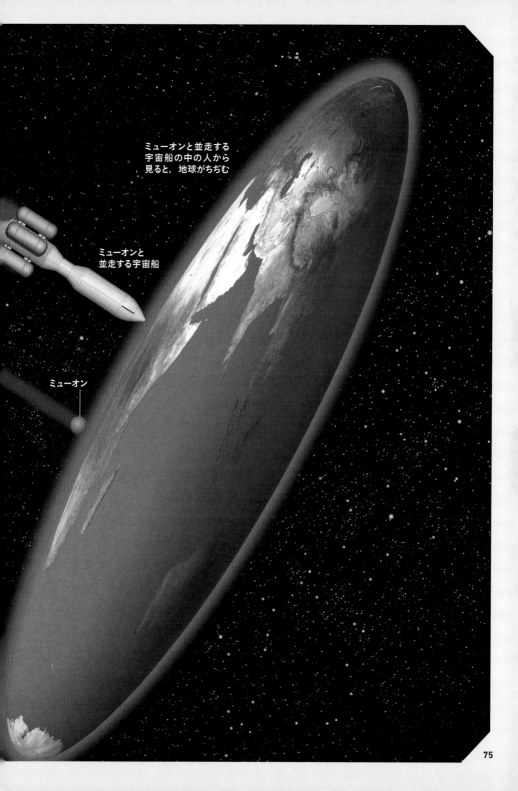

ミューオンと並走する
宇宙船の中の人から
見ると，地球がちぢむ

ミューオンと
並走する宇宙船

ミューオン

相対性理論にもとづいた速度の計算方法

時速60キロメートルで走るトラックから時速120キロの球を投げれば，地上の人には時速180キロの剛速球が届きます。このような速度の計算方法は「ガリレイの速度合成則」とよばれ，「ガリレイの相対性原理」（32〜33ページ）にもとづいたものです。

　ところがこの計算方法は，「光速度不変の原理」では通用しません。単純な速度の足し算がなりたつのであれば，光速（秒速約30万キロメートル）をこえるような状況が必ず生まれてくるからです。~~そこでアインシュタインは，速度の計算方法をみなおしました。それが右の計算式です。~~

　日常的な範囲においては，速度を単純に足し算した結果とアインシュタインの式を使って計算した結果は，ほとんど変わりません（**1**）。ところが速さが光速（*c*）に近くなるほど，単純な足し算とのちがいが明確になります。単純に足すと光速をこえてしまう場合で

も，アインシュタインの式で計算すると速度は必ず光速未満になるのです（**2**）。また，光がどんな速度の物体から放出されても，光の速度を計算（*u* に *c* を代入）するとつねに光速になります（**3**）。

単純な速度の足し算

$$V = v + u$$

アインシュタインによる速度の足し算

$$V = \cfrac{v + u}{1 + \cfrac{v \times u}{c^2}}$$

V：外部から見たボール（小型ロケット，光）の速度
v：外部から見たトラック（大型ロケット）の速度
u：トラック（大型ロケット）から見たボール（小型ロケット，光）の速度
c：真空中の光速

1.

ピッチングマシン

ボール

トラック

単純な速度の足し算で計算した場合

$V = 60 + 120 = 180$
ボールの速さは時速 180 km?

時速60km（v）で走るトラックから，時速120km（u）のボールを発射

特殊相対性理論による速度の足し算で計算した場合

$$V = \cfrac{60 + 120}{1 + \cfrac{60 \times 120}{(1079252848.8)^2}}$$

時速に換算した光速
$= 179.999\cdots$

ボールの速さは時速 179.999⋯ km

外部の静止した観測者

2.

大型ロケット

小型ロケット

光速の0.6倍（v）で進む大型ロケットから，光速の0.6倍（u）で進む小型ロケットを発射

単純な速度の足し算で計算した場合

$V = 0.6c + 0.6c = 1.2c$
小型ロケットの速さは光速の1.2倍?

特殊相対性理論による速度の足し算で計算した場合

$$V = \cfrac{0.6c + 0.6c}{1 + \cfrac{0.6c \times 0.6c}{c^2}}$$

$\fallingdotseq 0.88c$
小型ロケットの速さは
光速の約0.88倍

外部の静止した観測者

3.

大型ロケット

光

光速の0.6倍（v）で進む大型ロケットから，光速（u）で進む光を発射

単純な速度の足し算で計算した場合

$V = 0.6c + c = 1.6c$
光の速さは光速の1.6倍?

特殊相対性理論による速度の足し算で計算した場合

$$V = \cfrac{0.6c + c}{1 + \cfrac{0.6c \times c}{c^2}}$$

$= c$
光の速さは光速のまま

外部の静止した観測者

4

重力の正体は
時空のゆがみ

天体の運動は重力が決めており,「宇宙は重力が支配している」といっても過言ではありません。特殊相対性理論に重力を組みこんだのが,「一般相対性理論」です。アインシュタインが明らかにした,重力の正体をみていきましょう。

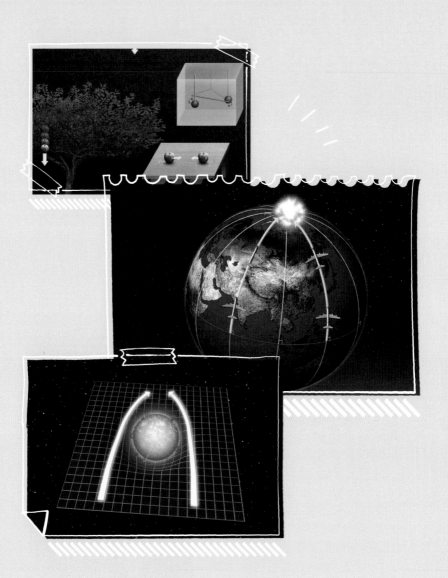

「万有引力の法則」は，万能ではなかった

特殊相対性理論との間に矛盾が生じた

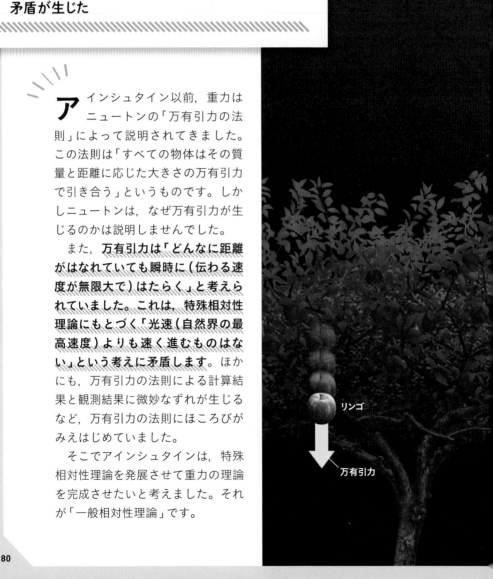

リンゴ

万有引力

ア インシュタイン以前，重力はニュートンの「万有引力の法則」によって説明されてきました。この法則は「すべての物体はその質量と距離に応じた大きさの万有引力で引き合う」というものです。しかしニュートンは，なぜ万有引力が生じるのかは説明しませんでした。

また，万有引力は「どんなに距離がはなれていても瞬時に（伝わる速度が無限大で）はたらく」と考えられていました。これは，特殊相対性理論にもとづく「光速（自然界の最高速度）よりも速く進むものはない」という考えに矛盾します。ほかにも，万有引力の法則による計算結果と観測結果に微妙なずれが生じるなど，万有引力の法則にほころびがみえはじめていました。

そこでアインシュタインは，特殊相対性理論を発展させて重力の理論を完成させたいと考えました。それが「一般相対性理論」です。

万有引力の法則

「万有引力の法則」は下に示す式であらわされます。重力（万有引力）の強さは，二つの物体間の距離の2乗に反比例します。一般的に，質量はキログラム（kg），距離はメートル（m），力の強さはニュートン（N）という単位を使います。Gは「万有引力定数」で，G＝約6.7×10^{-11} N・m^2 kg^{-2}です。

$$\text{万有引力} \atop \text{（重力）} = G\frac{Mm}{r^2}$$

質量 M　　重力　　質量 m　　重力　　距離 r

月

万有引力

リンゴの落下も，月の円運動も，万有引力が原因

ねじればかり
ヘンリー・キャベンディッシュ（1731 〜 1810）によって万有引力定数の測定に使われました。

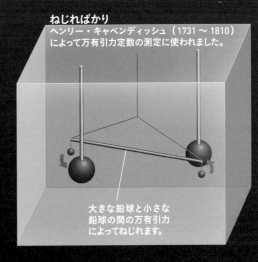

大きな鉛球と小さな鉛球の間の万有引力によってねじれます。

テーブルの上の二つのリンゴも万有引力で引き合っている

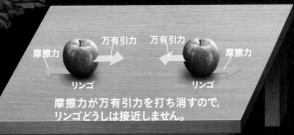

摩擦力　万有引力　万有引力　摩擦力

リンゴ　　　　　　リンゴ

摩擦力が万有引力を打ち消すので，リンゴどうしは接近しません。

エレベーターの中で感じる力は，重力と同じもの

一般相対性理論の土台となるアインシュタインのアイデアとは?

1907年，アインシュタインは一般相対性理論の土台となる生涯最高のアイデアを思いつきます。それは，**「落下する箱の中では重力が消える」というもの**です。この意味をくわしく考えていきましょう。

たとえばエレベーターに乗って上昇するとき，動きはじめに体が重くなったように感じます。逆に下がりはじめは，体がふわっと浮き上がった感じになります。理由は，乗ったエレベーターが加速や減速をしているからです。上向きに加速すると体が重くなり，重力が大きくなったように感じます。逆に下向きに加速すると体が軽くなり，重力が小さくなったように感じるのです。

このように，速度が変化する(加速する)物体の中で，加速する方向とは逆向きにはたらいているように感じる力を「慣性力」といいます。実は慣性力は，ニュートン力学では「実在の力」とみなされていないのです。先に示した例の場合，慣性力はエレベーターの中の人が感じているだけで，外から見ると実際に力は発生していません。つまり，“見かけの力”というわけです。

さて，ここで無重力空間の宇宙船を考えましょう。たとえ無重力空間でも，宇宙船が加速すれば，エレベーターと同じように慣性力が発生するので，“見かけの重力”を感じるはずです。**このことからアインシュタインは，慣性力と重力は区別することができないと考えました。**

重力と，加速時にかかる慣性力は区別できない

加速すると，加速の向きとは逆方向に力（慣性力）がかかります。一般相対性理論によると慣性力と重力は区別できませんから，「重力のある空間にいるのか（**1a**），それとも重力のない場所で加速しているのか（**1b**）」を区別することはできません。

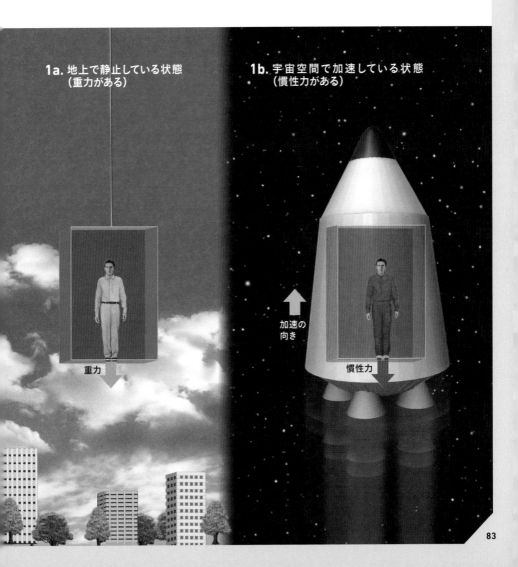

1a. 地上で静止している状態
（重力がある）

1b. 宇宙空間で加速している状態
（慣性力がある）

加速の向き

重力

慣性力

重力は消すことができる！

重力と慣性力が等価なら両者が完全に打ち消し合う

アインシュタインは，重力と慣性力は区別することができないと考えました（前ページ）。この考えは「等価原理」とよばれます。等価原理は，重力と慣性力が「等価（本質的に同じ）」ということをあらわしています。

ここで，前ページの冒頭で紹介した「落下する箱の中では重力が消える」というアイデアにもどりましょう。落下する箱は，地上に向かって加速度運動しているので，箱の中から見れば，上向きに慣性力があらわれます（2a）。重力と慣性力が同じなら，落下する箱の中では両者が完全に打ち消し合い，本質的に重力が消えることになる

のです。

等価原理について，さらにくわしく考えていきましょう。落下する箱の中では重力が消えるのですから，空気抵抗がなくなります。空気抵抗がなければ，すべての物体はその質量に関係なく，同じペースで落下します。これを「ガリレオの落体の法則」といいます。

さて，落下する箱の中の人のそばに，リンゴがあるとしましょう。人とリンゴはまったく同じ速さで落下するので，箱の中の人から見るとリンゴは動かず，同じ位置にとどまります。では，リンゴを横に押すとどうなるのでしょうか？次のページで確認しましょう。

落下する箱の中では重力が消える

落下する箱の中では重力と慣性力が打ち消し合い，重力が消えます。空気抵抗のなくなった箱の中では，軽い羽や重い石も，その質量に関係なく同じペースで落下し，同時に着陸します（ガリレオの落体の法則）。

2a. 地上で落下している状態
（無重力状態※）

※：「無重力状態」とよぶと，「重力（万有引力）がおよんでいない」と誤解されるおそれがあるため，「無重量状態」という語もよく使われます。

慣性力と重力が
打ち消し合う
慣性力

0

加速の
向き

重力

2b. 宇宙空間に静止している状態
（無重力状態）

光は重力によって曲がる

慣性系では,すべての物理法則が同じようになりたつ

重力を受けていない

光は直進する

無重力状態

ともに重力の影響はない

落下する箱の中から見た場合
重力の影響がない慣性系とみなせます。

光は直進する

慣性力（重力と等価）

重力の影響は消え去って,無重力状態に

0

地球による重力

地上

前ページのつづきです。箱の中の人とリンゴは同じ速さで落下しているので,箱の中の人から見れば,押したリンゴはまっすぐ進む（等速直線運動する）ようにみえます。しかし,地上から落下する箱を見た場合,箱の中の人が押したリンゴは,放物線をえがいてみえます。

ここでは物体の運動のみに着目しましたが,アインシュタインの相対性原理によれば,すべての慣性系で物理法則が同じようになりたちます（32～33ページ）。つまり,**落下する箱の中では,すべての物理法則が重力の影響のない慣性系と同じようになりたつはずです。「すべての物理法則」には,光の進み方も含まれます。これが等価原理の核心です。**

この考え方から,おどろくべき結果がみちびかれました。「光は重力によって曲がる」のです！ リンゴと同じように,落下する箱の中から見てまっすぐ進む光は,地上から見ると落ちていくようにみえるのです。

落下する箱を地上から見た場合

重力は消えていません。

注：光が発せられた瞬間は
速さゼロで，そこから落
下をはじめるとします。

光源

重力

重力によって
光は曲がる

光が右の壁に
到達したとき
の光源の位置

地上

地上の観測者

注：イラストは，光の曲がりの大きさを誇張してあります。

天体の質量が空間を曲げている

完全に消えていない重力が影響している

今度は,「重力によって空間が曲がる」という話をします。ここまで,「落下する箱の中では,等価原理によって重力が消える」という話をしてきました(82〜85ページ)。しかし厳密にいうと,天体がつくる重力の影響は完全には消えません。

たとえば,無重力空間を飛行する宇宙船の中に,二つのリンゴがあるとします。宇宙船が加速すると,二つのリンゴは間隔を一定に保って"落下"するようにみえます。これは加速の向きと大きさが,宇宙船の中のどこでも一定だからです。

ところが,地球のような天体の重力は天体の中心に向かっており,天体に近づくほど大きくなります。そのため,天体に向かって落下する箱の中では,水平に並ぶ二つのリンゴは落下するにつれてわずかに接近し,上下に並んでいる場合はわずかにはなれます。天体がつくる重力は場所によって微妙に変わるため,大きさの無視できない箱の中では,重力の影響が完全には消えないのです。

万有引力を否定したアインシュタインは,この状況を次のように考えました。**「落下するそれぞれのリンゴだけに着目すれば,自分にはたらく重力の影響は消え去っている。それなのに二つのリンゴが接近したのは,天体の質量が周囲の空間を曲げているからだ」。**

重力は完全には消すことができない

天体の重力は天体の中心に向かっています。天体に近づくほど大きくなるため,天体に向かって落下する箱の中では,水平に並ぶ二つのリンゴは落下するにつれてわずかに接近します。また,上下に並んでいるものは,わずかにはなれます。

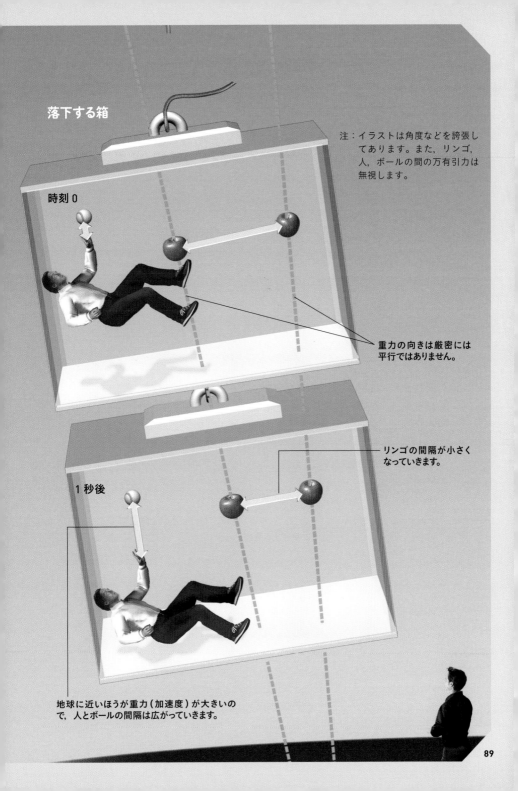

落下する箱

注：イラストは角度などを誇張し
てあります。また，リンゴ，
人，ボールの間の万有引力は
無視します。

時刻 0

重力の向きは厳密には
平行ではありません。

1 秒後

リンゴの間隔が小さく
なっていきます。

地球に近いほうが重力（加速度）が大きいの
で，人とボールの間隔は広がっていきます。

コーヒーブレーク

「まっすぐ」とは?
「曲がっている」とは?

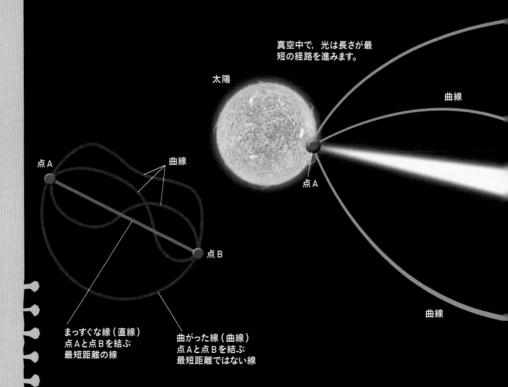

真空中で,光は長さが最短の経路を進みます。

太陽

曲線

点A

点A

曲線

曲線

点B

まっすぐな線(直線)
点Aと点Bを結ぶ
最短距離の線

曲がった線(曲線)
点Aと点Bを結ぶ
最短距離ではない線

90

アインシュタインは,「天体の質量が空間を曲げている」と考えました（前ページ）。そもそも「まっすぐ（直線）」や「曲がっている（曲線）」とは,どういう意味かを考えてみましょう。

「直線定規で引いたものが,まっすぐな線。それ以外は曲がった線」というのではだめです。その定規がまっすぐであることは,どうやって保証するのでしょうか？

正確にいえば,まっすぐな線（直線）とは,「2点間を結ぶ,長さが最短の線」です。逆に「2点間を結ぶ,長さが最短ではない線」が曲がった線（曲線）だといえます。

では,自然界でつねに「2点間を結ぶ,長さが最短の線」になるものはあるでしょうか？ それは,真空中での光（電磁波）の経路です。光は"直線定規"として利用できるのです。

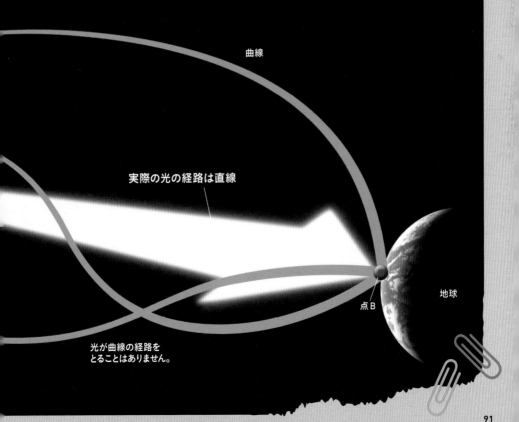

曲線

実際の光の経路は直線

点B

地球

光が曲線の経路をとることはありません。

曲がった面上の「直線」とは?

平行だったはずの
2本の直線が交わる

「**質**量が空間を曲げる」とは, どういうことでしょうか? まずは, 地球の表面のような「2次元の面」を例に考えてみましょう。

地球は球ですから, 3次元の世界で暮らす私たちからすると, 表面は曲がっています。でも, 地球の表面にはりついた"2次元人"がいたとしたら, 地球の表面が曲がっていることは実感できないはずです。この"2次元人"と同じように, "3次元人"である私たちは空間が曲がっていたとしても, それを実感できません。

3次元空間が曲がることと, 2次元平面が球面のように曲がっていることは, よく似ています。たとえば, 地球の経線に沿って2機の飛行機が北上すると, しだいに接近し, ついに北極で衝突します。どの経線も赤道と直交しているので, 平行な直線のようにみえます。しかし平行にみえた2本の直線は, 北極や南極で交わってしまうのです。一方, 平らな面では, 平行な二つの直線は決して交わりません。

このような考え方を, 88〜89ページで紹介した「落下する箱の中の二つのリンゴ」に当てはめると, 「二つのリンゴは, 曲がった空間をまっすぐ進んだために, 自然に接近した」となります。これが, 一般相対性理論の考え方です。

球面の世界

図形や空間の性質を研究する学問を「幾何学」といい，小・中学校で学ぶ幾何学を「ユークリッド幾何学」といいます。一方，球面で成立するような幾何学は「非ユークリッド幾何学」とよばれ，一般相対性理論の数学的な土台になっています。

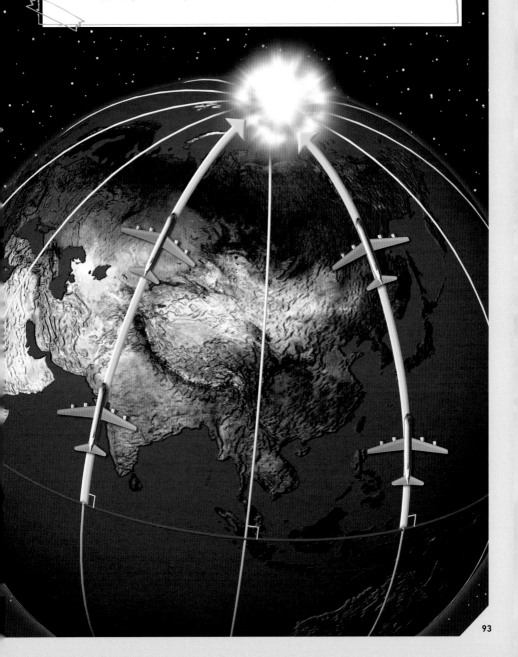

重力の正体は時空のゆがみ

「空間の曲がり」が重力を引きおこす

質量をもった物体は周囲の空間を曲げる

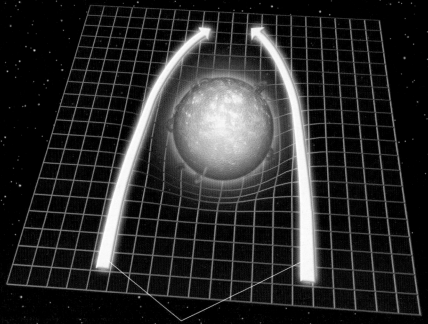

1. 恒星の近くで曲がった空間

平行だった2筋の光が空間の曲がりに沿って「直進」すると，接近していきます。

94

重力によって曲がる光も，前ペ
ージの「2機の飛行機」と同
じです。光は地球の質量がつくる曲
がった空間を進んだために，軌跡が
曲がってしまったのです。

　恒星の質量によって曲げられた空
間と，2筋の光を図1に示しました。
網目の部分が空間をあらわし，恒星
のまわりの空間は「球を置いたゴム
のシート」のように曲がっています。
そして，平行だったはずの2本の光
がその空間の曲がりに沿って進むう
ちに曲げられ，接近していきます。

　図2では，二つの天体がそれぞれ
周囲の空間を曲げています。本物の
ゴムのシートに二つの鉛球を少しは
なしておくと，ゴムのシートがのび
て曲がり，鉛球は近づいていきます。
同じように，天体も空間の曲がりに
よって近づいていくのです。これが
重力の正体です。

　図3では，太陽が周囲の空間を曲
げています。太陽系の惑星たちは，こ
の空間の曲がりの影響を受けるため
に，太陽のまわりを公転するのです。

2. 質量をもつ天体の近くで曲がる空間

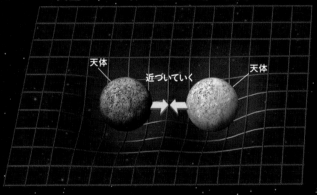

天体　　　近づいていく　　　天体

3. 太陽がつくる空間の曲がりの影響を受けてまわる地球

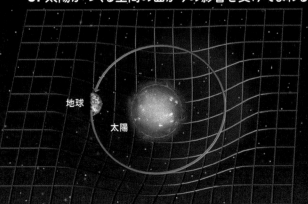

地球

太陽

日食の観測が，
一般相対性理論を裏づけた！

遠い星からの光が，
太陽のそばで曲がった

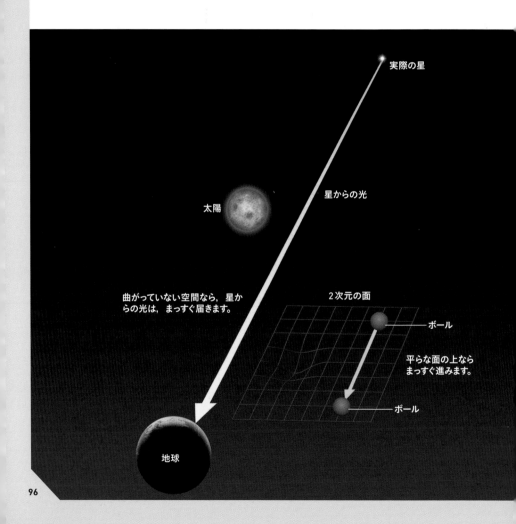

実際の星

星からの光

太陽

曲がっていない空間なら，星からの光は，まっすぐ届きます。

2次元の面

ボール

平らな面の上ならまっすぐ進みます。

ボール

地球

私たちは3次元空間の曲がりを実感することはできませんが，実験や観測で実証することは可能です。

空間が曲がっていなければ，星からの光は，地球に向かってまっすぐ届きます。しかし星からの光の経路に太陽が割りこんでくると，太陽のそばの空間はわずかに曲がっているので，その曲がりに沿って光の進路も曲がります。そうすると，天体の見かけの位置がずれてしまいます。

実際，このような天体の見かけの位置のずれが，1919年にイギリスのアーサー・エディントン（1882〜1944）ひきいる日食観測隊によって確かめられ，一般相対性理論の正しさが実証されました。位置のずれの大きさは，一般相対性理論の予測どおりだったのです。

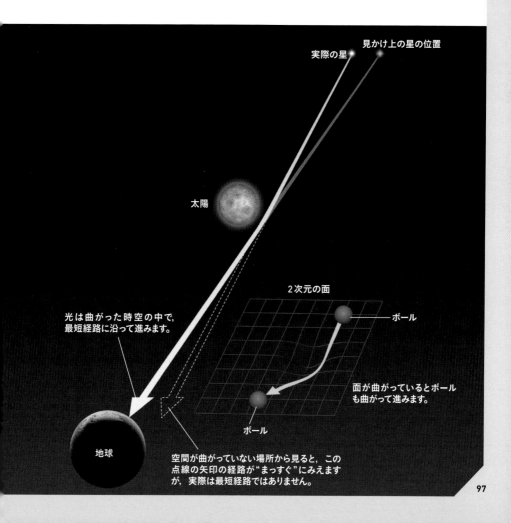

見かけ上の星の位置

実際の星

太陽

2次元の面

ボール

光は曲がった時空の中で，
最短経路に沿って進みます。

面が曲がっているとボール
も曲がって進みます。

ボール

地球

空間が曲がっていない場所から見ると，この
点線の矢印の経路が"まっすぐ"にみえます
が，実際は最短経路ではありません。

空間のゆがみが生みだす『重力レンズ』

天体のそばの空間の曲がりが光を曲げる

　質量が大きい天体のそばでは空間が曲がり，その結果，光が曲がることをここまでみてきました。その実例として，前ページでは，太陽のそばでの光の曲がりを紹介しました。

　太陽のそばでの光の曲がりのほかにも，「重力レンズ」とよばれる現象が多数観測されています。重力レンズとは，本来は一つの天体なのに，途中にある巨大な重力源によって光が曲げられて，天体の像がゆがんだり，複数に分裂したり，明るさが強められたりする現象です。

　眼鏡やカメラなどに使われる通常のレンズでは，レンズをつくっているガラスやプラスチックなどの物質が，光を曲げています。一方，重力レンズでは，天体のそばの空間の曲がりが，レンズとしてはたらいているのです。

銀河団による重力レンズ効果

ハッブル宇宙望遠鏡が，2000年に撮影した画像です。地球から20億光年遠方の「Abell 2218」という銀河団による重力レンズ効果で，さらに遠方にある銀河の像が円弧状にゆがんでいます。矢印の先に映っているのが，重力レンズ効果でゆがんだ銀河の像の例です。

重力レンズのしくみ

銀河A

銀河Aの像
（この方向に銀河が
あるようにみえる）

銀河Aの像
（この方向に銀河が
あるようにみえる）

光が曲げられる

光が曲げられる

銀河団
（巨大な重力源）

地球

地球から見た銀河の像の例

リング状にみえる

複数にふえてみえる

銀河と重力源，そして地球が一直線上に並ん
だときは，銀河の像がリング状になります。一
直線からずれると，複数の円弧状の像となり
ます。

重力が強いほど，時間の進み方が遅くなる

恒星の近くは重力が強いため時間がゆっくり進む

右の図は，大きな質量をもつ恒星の重力によって曲がる光を，十分にはなれて全景が見渡せる観測者から見た光景です。

光は幅をもち，光の帯の内側のほうが短くみえます（距離AB＞距離CD）。短距離走では，インコースのほうがアウトコースより距離が短くなりますが，それと同じことが光の幅でもおきています。

しかし，光の帯の外側にいる観測者Xと，内側にいる観測者Yから見ると，目前の光はどちらも秒速約30万キロメートルで直進しています（光速度不変の原理）。「光が進んだ距離＝光速×時間」です。光速が不変なら，観測者Yの時間が観測者Xの時間より遅くないと，「距離AB＞距離CD」になりません。

一般相対性理論では，恒星に近くて重力が強い場所（光の帯の内側）は，時間がゆっくり進むと考えます。そのため遠くにいる観測者からは，恒星に近い側（光の帯の内側）の光が，ゆっくり進むようにみえるのです。

質量によって時空が曲がる

一般相対性理論によると，物体の質量によって空間が曲がるだけでなく，時間の進み方も影響を受けます。そこで時間と空間を一体とみなして「時空」とよび，「質量によって時空が曲がる」という表現がよく使われます。

B

光の進行方向

光の帯

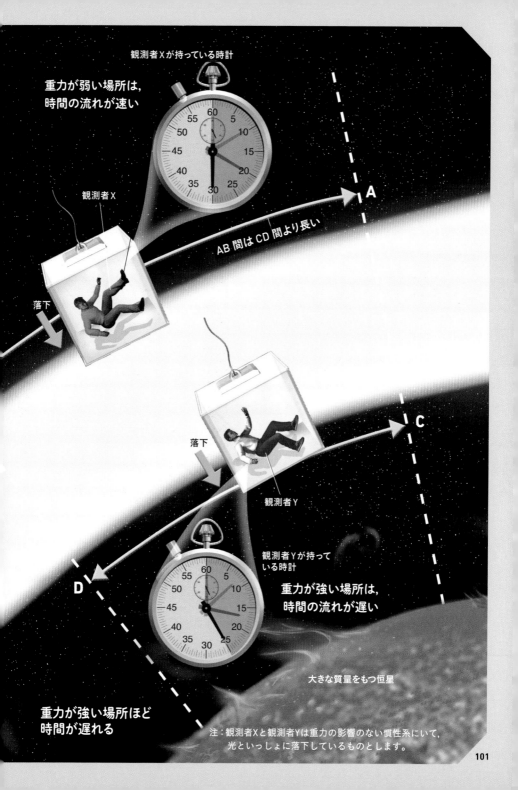

観測者Xが持っている時計

重力が弱い場所は,
時間の流れが速い

観測者X

A

AB 間は CD 間より長い

落下

C

落下

観測者Y

観測者Yが持って
いる時計

重力が強い場所は,
時間の流れが遅い

D

大きな質量をもつ恒星

重力が強い場所ほど
時間が遅れる

注:観測者Xと観測者Yは重力の影響のない慣性系にいて,
光といっしょに落下しているものとします。

コーヒーブレーク

一般相対性理論を
スカイツリーで実証

一般相対性理論によると，天体などの重力源に近い場所は，重力源から遠い場所にくらべて時間の流れが遅くなります（前ページ）。ただしこの差はごくわずかで，巨大な天体がかかわる宇宙物理現象では観測できても，身近な現象で観測することは不可能でした。

しかし，東京大学の香取秀俊教授が2003年に開発した「光格子時計」は，一般相対性理論の効果を身近に実感させてくれます。光格子時計とは，誤差100京分の1というおどろくべき高精度で時間をきざむ時計です。この精度だと，宇宙のはじまりから現在まで時間をはかりつづけても，1秒もずれません。

2020年，東京大学，理化学研究所，国土地理院，大阪工業大学のグループが，島津製作所と共同で，光格子時計を使って東京スカイツリーで時間の進み方を測定するという実験を行いました。すると，地上階と高さ450メートルの展望階とでは，時間の進み方が約5京分の1ほどちがっていました。展望階では，ほんのわずかですが地上よりも速く時がたっていたのです。

この差は一般相対性理論の予言とぴったり一致しました。展望階で80年暮らすと，地上の人よりも1万分の1秒ほど長い人生をすごすことになります。

相対性理論の効果は
スカイツリーで確かめられる

光格子時計を用いれば，スカイツリーの地上階と展望階で時間の流れ方がちがうことが確かめられます（ただし，右の図の時空のゆがみや時間の進み方はイメージです）。現在では技術の進歩により，身近なところでも相対性理論の効果が確かめられるようになっているのです。

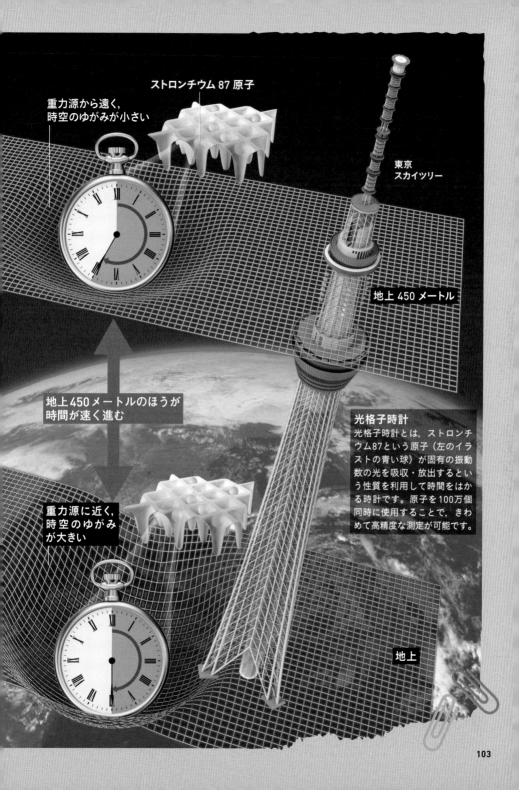

ストロンチウム 87 原子

重力源から遠く、
時空のゆがみが小さい

東京
スカイツリー

地上 450 メートル

地上450メートルのほうが
時間が速く進む

光格子時計
光格子時計とは、ストロンチ
ウム87という原子（左のイラ
ストの青い球）が固有の振動
数の光を吸収・放出するとい
う性質を利用して時間をはか
る時計です。原子を100万個
同時に使用することで、きわ
めて高精度な測定が可能です。

重力源に近く、
時空のゆがみ
が大きい

地上

ブラックホールの表面では時間が止まる

**ブラックホールはその強い重力で,
光も時間も止めてしまう**

時間の流れが極端に遅くなる

地球,太陽,中性子星,ブラックホールでの時間の遅れを示しました。正午を基準として,地球で6時間が経過したときに,それぞれの場所で何時になっているかを表現したものです。

東京スカイツリーの先端

100兆分の7程度だけ
地上より時間の進み方が速い

**東京スカイツリー
(高さ634m)**

ほぼ直進する光
地球上では,光の曲がりはごくわずかで,
時間の変化もごくわずかです。

地球上では
6時間が経過

太陽

太陽の表面

100万分の2程度だけ,
地球上よりも時間の進み方が遅い

こでは，どんな天体の場合にどのくらい時間の遅れが生じるかをみていきましょう。

地球の重力もわずかながら，時間の遅れさせています。私たちは，天体がそばに何もない宇宙空間よりも，ごくわずかにゆっくりと進む時間の中を生きているのです。

時間の遅れが極端なのが「ブラックホール」です。ブラックホールは，強い重力で光をものみこみ，いった

んブラックホールの表面（事象の地平面）にのみこまれたものは，永遠に脱出不可能になってしまいます。

ブラックホールの半径（事象の地平面の半径）の約1.3倍の地点では，時間の進み方は，地球の2分の1程度です。つまり地球で2年たっても，この地点では1年しかたたないことになります。さらに**ブラックホールの表面では，時間が止まってしまいます**。

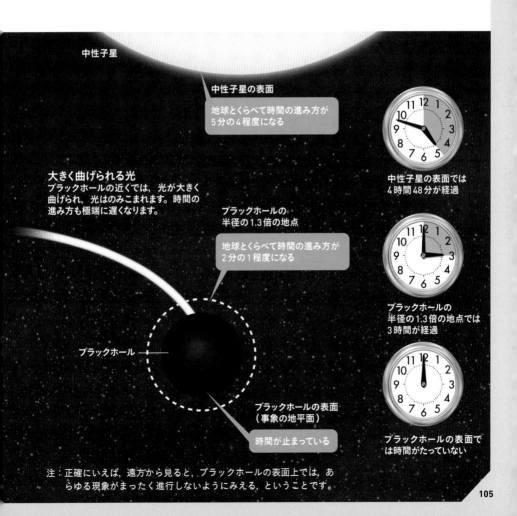

中性子星

中性子星の表面
地球とくらべて時間の進み方が5分の4程度になる

大きく曲げられる光
ブラックホールの近くでは，光が大きく曲げられ，光はのみこまれます。時間の進み方も極端に遅くなります。

ブラックホールの半径の1.3倍の地点
地球とくらべて時間の進み方が2分の1程度になる

ブラックホール →

ブラックホールの表面（事象の地平面）

時間が止まっている

中性子星の表面では4時間48分が経過

ブラックホールの半径の1.3倍の地点では3時間が経過

ブラックホールの表面では時間がたっていない

注：正確にいえば，遠方から見ると，ブラックホールの表面上では，あらゆる現象がまったく進行しないようにみえる，ということです。

ブラックホールに落ちる
宇宙船内の時間

宇宙船の中の人の時間は,
ふだんどおり流れている

ブラックホールに
落ちていく宇宙船

ブラックホールから遠くはなれた母船

ブラックホールに落ちていく宇宙船を，遠くはなれた母船から観測すると，どうみえるでしょうか？　普通，天体に落ちていく物体は，重力の影響を受けてどんどん加速していきます。しかしブラックホールの近くでは，近づくにつれて時間の流れが遅くなるので，宇宙船は徐々にスピードを落とし，ブラックホールの表面（事象の地平面）で完全に静止してしまうようにみえるのです。

　一方，宇宙船に乗っている人にとっては，時間の流れが遅くなるとき，宇宙船の中のあらゆる現象が同じように遅くなります。そのため，宇宙船の中の人は，いつもどおり時間が流れているように感じます。

　宇宙船の中の人からすると，時間はふだんどおり流れ，宇宙船は事象の地平面で止まることなく通りすぎることになります。しかし遠くはなれた人は，どんなに時間がたっても，事象の地平面を通りすぎる宇宙船を見ることはないのです。何とも不思議ですね。

宇宙船は，ブラックホールの表面（事象の地平面）で完全に静止してみえます。

ブラックホール

事象の地平面のちょうど表面から発せられた光は，外向きには進めません。

ブラックホールの表面（事象の地平面）

コーヒーブレーク

タイムトラベルは
可能か?

過去へのタイムトラベルを
可能にする具体的な例

一般相対性理論にもとづいてみちび
きだされた,過去へのタイムトラベ
ル(もしくは出発時刻にもどってく
るような旅行)を可能にする,理論
モデルの例をえがきました。

光速に近い速度ですれちがう
「宇宙ひも」

光速に近い速度で二つの長い「宇宙
ひも」がすれちがうとき,その近く
を通るルートで1周すれば,出発時
刻にもどってこられるといいます。
ただし,宇宙ひもが実際に存在する
かどうかはわかっていません。

宇宙船

宇宙ひも

回転する宇宙

もし宇宙全体が回転していたとすると,宇宙を旅し
たあと,出発時刻やそれ以前にもどってくることが
可能になるといいます。ただし,現実の宇宙は回転し
ていないようです。

相対性理論による**時間ののび
ちぢみ**を利用すれば，原理
的には「**未来へのタイムトラベ
ル**」が可能になります。

　たとえば，「光速に近い速度で
運動してもどってくる」「ブラッ
クホールなどの重力の強い天体の
そばまで行ってもどってくる」と
いう方法なら，旅行者にとっては
わずかな時間でも地球では長い年

月がたっている，といった状況を
つくることができます。

　一般相対性理論によると，**過去
へのタイムトラベルも原理的には
可能だ**といいます。それは，はな
れた2地点を結ぶ"時空のトンネ
ル""「ワームホール」が実在した場
合です。ワームホールも理論的に
存在が予言されていますが，実在
する証拠はみつかっていません。

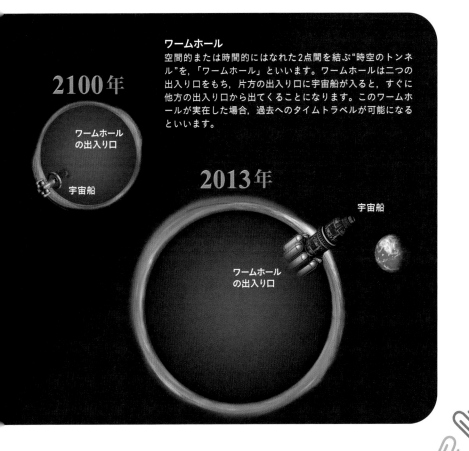

ワームホール
空間的または時間的にはなれた2点間を結ぶ"時空のトンネ
ル"を，「ワームホール」といいます。ワームホールは二つの
出入り口をもち，片方の出入り口に宇宙船が入ると，すぐに
他方の出入り口から出てくることになります。このワームホー
ルが実在した場合，過去へのタイムトラベルが可能になる
といいます。

2100年

ワームホール
の出入り口

宇宙船

2013年

ワームホール
の出入り口

宇宙船

5

相対性理論から生まれた
現代物理学

時空や重力についての常識をくつがえした
相対性理論は，物質や力の根源をさぐる「素
粒子物理学」や，宇宙のなりたちや構造を
さぐる「宇宙論」などにも欠かせません。
最終章では，相対性理論によって発展した
現代物理学を紹介します。

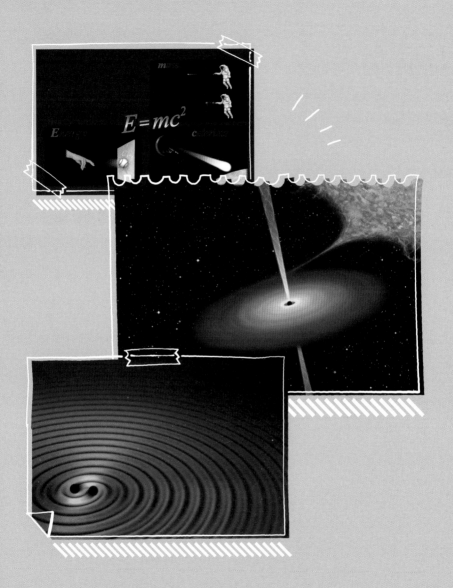

エネルギーと質量は同じもの

特殊相対性理論から生まれた重要な式 $E = mc^2$

特殊相対性理論からは，ある重要な式がみちびかれます。それは $E = mc^2$ です。E はエネルギー，m は質量，c は光速（約 3.0×10^8 m/s）をあらわします。

エネルギーと質量は，長い科学の歴史の中で別のものとしてあつかわれてきました。しかし，$E = mc^2$ は，エネルギーと質量が本質的に同じものであることを意味します。つまり，質量はエネルギーに"変換"できるのです。これによって，太陽内部での核融合反応（114〜115ページ）や，原子力などの核分裂反応が説明できます。

また特殊相対性理論からは，運動する物体の速度が大きくなるほど，質量が増す（エネルギーがふえる）こともみちびかれました。 光の速度に近づくにつれて質量が増していき，光速では無限大になります。

Energy

$E =$

飛んでいるボールは，「運動エネルギー」をもちます。ガラスにボールを投げると，ガラスは割れます。いいかえると，速度をもったボールには，ガラスを割る"能力"があったのです。この能力が運動エネルギーです。

運動エネルギー

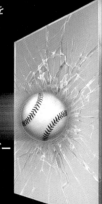

mass

質量とは,「動かしにく
さの度合い」のことで
す。たとえば,鉄球がピ
ンポン球よりも動かし
にくいのは,鉄球のほう
が質量が大きいためで
す。この「動かしにくさ」
は,宇宙空間(無重力状
態)でも同じです。

ピンポン球

宇宙空間でも,鉄球は
ピンポン球よりも動かしづらい。

鉄球

mc^2

celeritas

cは真空中の光(電磁波)の速度をあらわします。特殊相対性
理論は,光速が宇宙における最高速度であり,不変であるこ
とを土台として組み立てられました。光速をあらわす「c」は
ラテン語で「速さ」を意味する "celeritas" に由来しています。

F1カー
秒速約0.1
キロメートル
月まで約44日

サターンⅤロケット
秒速約11キロメートル
月まで約10時間

飛行機
秒速約0.5キロメートル
月まで約9日

相対性理論から生まれた現代物理学

太陽はだんだん軽くなることで輝く

1秒に400万トン以上もの質量が熱や光のエネルギーにかわっている

核融合反応

エネルギー
4.12×10^{-12} ジュール

Energy

ヘリウム原子核

水素原子核(陽子)

陽電子

ニュートリノ

反応後の質量 6.648×10^{-27} キログラム

反応前の質量 6.694×10^{-27} キログラム

水素原子核(陽子)

陽電子　ニュートリノ　水素原子核(陽子)

ヘリウム3原子核
(陽子2個+中性子1個)

水素原子核(陽子)

太陽

重水素原子核
(陽子1個+中性子1個)

ヘリウム原子核
(陽子2個+ 中性子2個)

注:陽子が陽電子とニュートリノを放出すると,中性子に変わります。

114

太陽のエネルギーは,「核融合反応」によって生みだされています。太陽は, その質量の7割以上が水素です。水素原子核（陽子）四つが衝突・融合し, 最終的に一つのヘリウム原子核になります（左下の図）。その一連の過程で, 合計質量が約0.7％（1秒間で400万トン以上）減少し, その分が$E=mc^2$の式にしたがって, ぼう大な光や熱のエネルギーとして放出されるのです。

ところで, 水素（H_2）と酸素（O_2）をまぜて火をつけると, 爆発的な化学反応をおこして水（H_2O）ができま

す。このとき, 同時に熱などのエネルギーが放出されます。（下の図）。反応前の水素分子と酸素分子, そして反応後の水分子では, 原子のつながり方がことなるため, 100億分の1ほど反応後の質量が軽くなっているといいます。その減った分の質量が, エネルギーに変わったわけです。

中学校の理科で, 化学反応の前後で物質の質量の合計は変わらないという「質量保存の法則」を習いますが, 相対性理論を考慮すると, 厳密には質量保存の法則はなりたっていないのです。

水素と酸素による化学反応

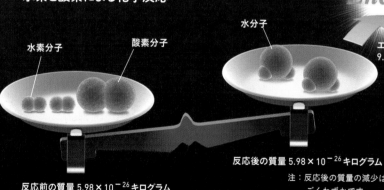

水素分子

酸素分子

水分子

Energy

エネルギー 9.49×10^{-19} ジュール

反応後の質量 5.98×10^{-26} キログラム

反応前の質量 5.98×10^{-26} キログラム

注：反応後の質量の減少は, 測定できないほどごくわずかです。

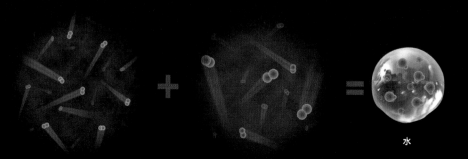

水素

酸素

水

宇宙船は速く飛ぶほど 重くなる

光速に近づくにつれて重くなる宇宙船は，光を追い抜くことはできない

光速に近づくと，急激に重くなる

速度のことなる宇宙船の質量のちがいを示しました。「時間」の項目は，静止した宇宙船で1秒が経過するとき，それぞれの速度で進む宇宙船では何秒が経過するかを示しています。また，宇宙船の見かけの質量（動かしにくさ）を，鉄球の大きさで表現しました。

速度：光速の 0%（静止）
質量：100 トン
全長：100 メートル
時間：1 秒

速度：光速の 50%
質量：約 116 トン
全長：約 87 メートル
時間：約 0.87 秒

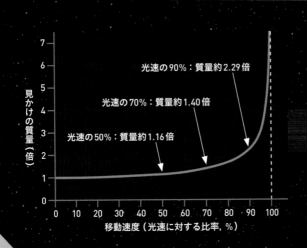

光速の 90%：質量約 2.29 倍

光速の 70%：質量約 1.40 倍

光速の 50%：質量約 1.16 倍

見かけの質量（倍）

移動速度（光速に対する比率, %）

光速の50％（秒速約15万キロメートル）の速さで進む宇宙船は，静止した状態とくらべ，時間の進み方が約87％に遅くなり，さらに進行方向に対して長さが約87％にちぢみます。

　特殊相対性理論によると，時間の変化に加えて，宇宙船の重さも変化しています（112〜113ページ）。たとえば，光速の50％で進む宇宙船の質量は，静止時にくらべて約1.16倍に重くなっているというのです。

　物体の移動速度が自然界の最高速度である光速に近づくと，急激に重くなります（左下のグラフ）。たとえば，光速の99.99999％で進む宇宙船は，なんと静止時の約2240倍にまで重くなります。

　宇宙船は，速度が上がるにつれて重くなり，動かしにくくなります。宇宙船の移動速度が速くなるにつれ，加速させようとしても，速度が上がりにくくなっていきます。**そして，ついにはある速度以上に加速することができなくなります。この速度の"壁"（上限）が光速なのです。**

見かけの質量の大きさ（動かしにくさ）を表現した鉄球

速度：光速の 99.99999%
質量：約 22 万 4000 トン
全長：約 0.045 メートル
時間：約 0.00045 秒

相対性理論から生まれた現代物理学

重いか軽いかは，
立場によって変わる

観察者の置かれた立場によって，
質量も変化してみえる

静止している宇宙船

青い宇宙船は高速で進んでいるので
・時間がゆっくり進んでいる
・長さがちぢんでいる
・質量が大きくみえる

高速で動くことで重くなった宇宙船の周囲には，重くなった分だけ大きな重力がはたらくことになるのでしょうか。高速で動くと重力が強まるのであれば，たとえばイラストのように高速で並んで進む2機の宇宙船の間には強い重力がかかり，たがいに強く引き合って衝突してしまいそうです。

しかし，重力の強さもみる立場によって変わります。並んで進む宇宙船にしてみれば，相手は止まっているわけですから，重力は静止しているときにくらべて，まったく強くなっていません。

一方，静止している宇宙船から高速で進む2機をみれば，宇宙船が周囲におよぼす重力は強くなっており，2機が引き合う力は強くなっています。ただし，同時に2機は非常に動かしにくくなっているので，容易には接近しません。**結局，2機の宇宙船の近づきやすさは，静止しているときと変わらないのです。**

青い宇宙船は止まっているので
・時間の進み方は自分と同じ
・長さは縮んでいない
・質量は大きくなっていない

同じ速度で進む宇宙船

高速で進む宇宙船は，重い？ 重くない？

右方向に進む青い宇宙船（中央）を，同じ速度で並んで進む宇宙船（上）と，静止している宇宙船（左）が観察します。それぞれが見る青い宇宙船の速度がことなるため，時間の進み方や長さ，そして質量がちがってみえます。

太陽の"100億倍"の明るさの光をつくりだす

特殊相対性理論の効果でミクロの世界を見る夢の光が実現！

2010年に小惑星探査機「はやぶさ」が持ち帰った微粒子は，わずか数マイクロ（マイクロは100分の1）メートルでした。この分析で活躍したのが「放射光」です。

　放射光は，電子やイオンなど電気を帯びた粒子（荷電粒子）が，加速・減速したり曲がったりする際に放射される光（電磁波）です。普通は全方向に球状に放射されます（**1**）。しかし，荷電粒子が加速されるほど放射される方向がごく細い領域になり（**2**，**3**），その分，光が明るくなります。**放射される光の方向が変化するという現象は，特殊相対性理論にもとづいた現象です。**

　兵庫県にある大型放射光施設「SPring-8」は，電子を光速の99.9999998％まで加速できます。この電子の進行方向を電磁気の力によって曲げると，運動エネルギーの一部が放射光として放射されます。これは波長が非常に短いX線で，強さは太陽の100億倍に相当します。

光の波長と，物の大きさ

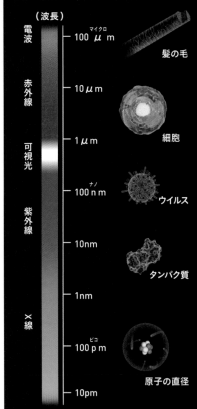

（波長）	
電波	100 μm（マイクロ） — 髪の毛
赤外線	10 μm
可視光	1 μm — 細胞
紫外線	100 nm（ナノ） — ウイルス
	10nm
	1nm — タンパク質
X線	100 pm（ピコ） — 原子の直径
	10pm

光でものを見るとき，どれだけ細かいものが見えるのかは，光の波長によります。可視光よりも1000倍ほど波長の短いX線を用いると，原子を見分けることも可能になります。

1. 速度が非常に遅い電子が曲げられた場合

電子の通り道

磁石によって曲げられた電子

速度の遅い電子

放射光は球状に放射される

2. 速度の速い電子が曲げられた場合

速度の速い電子

放射光は前方にかたよって放射される

3. 光速に近い速度で進む電子が曲げられた場合

光速に近い速度で進む電子

放射光がごく狭い範囲に放射される

「SPring-8」が放射光を発生させるしくみ

電子は外から磁力をかけられると進行方向が曲がり，その際に放射光を発します。電子が加速されて光速に近くなると，相対性理論の効果によって，放射される光の領域が非常に狭くなり，その分，明るい光となります。

特殊相対性理論は
電子のふるまいにもかかわる

相対性理論の効果で，白金原子の電子軌道は小さくなる

「電子」のふるまいにも，特殊相対性理論は大きくかかわっています。白金（プラチナ）は，化学反応の反応速度を上げる触媒として現代社会に欠かせない元素です。たとえば自動車の排気ガスには有毒な一酸化炭素が含まれていますが，白金を触媒として一酸化炭素と酸素をまぜると，無害な二酸化炭素となります。

白金を含め，通常，電子は原子の中央にある原子核のまわりをまわっています。原子核の中にある陽子はプラスの電気を帯びているため，マイナスの電気をもつ電子は原子核の周囲をまわりつづけることができるのです。

原子核の中には，原子番号と同じ数の陽子が含まれています。白金の原子番号は 78 なので，78 個もの陽子をもっています。陽子の数が多いと，原子核と最も内側にある電子との間にはたらく電気的な引力が強くなります。すると，そ

れにともなって電子の回転速度は速くなり，最も内側の軌道をまわる電子の速度は，なんと光速の約 57 ％，秒速約 17 万キロメートルにも達します。

これほどの速度でまわると，相対性理論による電子の質量が大きくなる影響を無視できなくなります。白金原子の最も内側をまわる電子の軌道半径が，相対性理論の効果を無視した場合とくらべると小さくなり，それにしたがって外側の電子の軌道も小さくなります。これはつまり，白金原子の直径が，相対性理論の効果を考慮しない場合に予想される直径よりも小さくなることを意味します。

一般的に電子軌道の大きさは，触媒の反応性に大きく影響します。そのため，白金が相対性理論の効果でちぢむことが，白金が触媒として利用できる理由の一つではないかと考えられています。

白金原子と特殊相対性理論の効果

白金原子の電子軌道を示しました。白金原子の最も内側の電子は，実に光速の約57％もの速さで回転しているとみなせます。そのため，相対性理論の効果によって，電子の質量はみかけ上，重くなります。その結果，内側の電子軌道の半径が小さくなり，外側の電子軌道の半径も小さくなります。

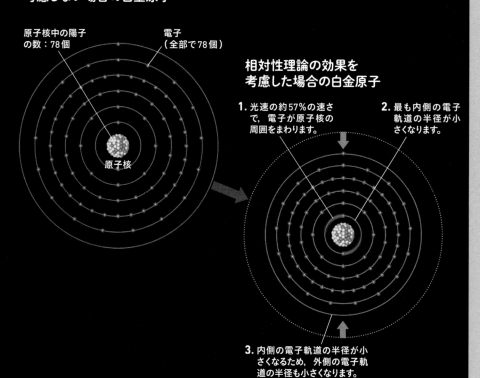

**相対性理論の効果を
考慮しない場合の白金原子**

原子核中の陽子
の数：78個

電子
（全部で78個）

原子核

**相対性理論の効果を
考慮した場合の白金原子**

1. 光速の約57％の速さ
で，電子が原子核の
周囲をまわります。

2. 最も内側の電子
軌道の半径が小
さくなります。

3. 内側の電子軌道の半径が小
さくなるため，外側の電子軌
道の半径も小さくなります。

巨大な加速器で
新たな素粒子を生みだす

衝突のエネルギーが質量にかわる

粒子を加速していくと，だんだん重くなる

CERN（ヨーロッパ原子核研究機構）の「LHC」は，1周27キロメートルの巨大な環状の管の中で粒子を加速する，世界最大の円形加速器です。スイス，ジュネーブ郊外，フランス国境をまたいだ地下約100メートルに建設され，2008年に運転が開始されました。

LHC

光速の70%で進む陽子は，みかけの質量が1.4倍となる

光速の99%で進む陽子は，みかけの質量が7.1倍となる

光速の70%の速さで進む陽子

光速の99%の速さで進む陽子

陽子どうしの衝突

新たに誕生した粒子

素粒子物理学の分野では，粒子加速器（加速器）で粒子を光速近くまで加速させ，静止した標的にぶつけたり，粒子どうしを衝突させたりすることで，素粒子のふるまいを調べます。

　世界最大の加速器「LHC」の中では，電磁気的な力によって陽子を光速の99.9999991％まで加速できます。このとき，**特殊相対性理論の効果によって，陽子の質量は約7450倍にもなります。**

　陽子をこれほどまで加速させる最大の理由は，未知の素粒子をさがすことです。加速された陽子どうしが衝突すると，その衝突エネルギーによって，陽子に含まれていた素粒子とは別の種類の素粒子が新たに生まれます。**エネルギーと質量は同じものですから，加速された陽子のエネルギーが質量にかわることで，新たに重い素粒子が生まれるのです。**

　LHCは2012年に，新たな素粒子「ヒッグス粒子」を発見しました。現在も新粒子を発見するために，多くの実験が行われています。

光速の99.9999991％で進む陽子は，見かけの質量が約7450倍となる

ビームパイプ
内部は真空になっており，この管の中を陽子のビームが走ります。二つの電子ビームのうち一方は時計まわりに，他方は反時計まわりに周回します。1400億個程度の陽子の集団（バンチ）が，間隔をおいて多数走っています。

陽子

光速の99.9999991％
の速さで進む陽子

陽子

一般相対性理論が予言したブラックホール

実はアインシュタイン本人もその存在を疑っていた

一般相対性理論によると，時空のゆがみが極限まで達すると，光さえも飲みこむ特異な領域がつくられます。この領域は，アメリカの物理学者ジョン・ホイーラー（1911〜2008）によって「ブラックホール」と名づけられました。

しかし，当のアインシュタインですら，ブラックホールは理論上の産物であり，実在しないのではないかと考えていました。

ところが1970年代，「はくちょう座X-1」という天体から届いたX線が，ブラックホールの存在を確実にしました。ブラックホールが周囲の物質を強力な重力で引き寄せる際，物質は「降着円盤」とよばれる構造をつくります。この降着円盤がX線を放つため，ブラックホールを間接的に観測できたのです。

そして2019年4月，波長の長い「サブミリ波※」を利用することで，楕円銀河M87の中心にある巨大ブラックホールの直接撮影に成功しました。

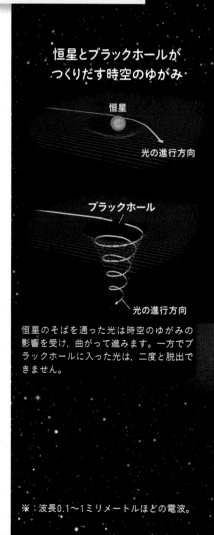

恒星とブラックホールがつくりだす時空のゆがみ

恒星

光の進行方向

ブラックホール

光の進行方向

恒星のそばを通った光は時空のゆがみの影響を受け，曲がって進みます。一方でブラックホールに入った光は，二度と脱出できません。

※：波長0.1〜1ミリメートルほどの電波。

ジェット
ブラックホールの付近から, 物質が光速に近い速さで飛び出す現象です。ブラックホール周辺にある強力な磁場などによって加速されていると考えられています。

ブラックホールにガスをうばわれる恒星

ブラックホール

降着円盤
ブラックホールと恒星との距離が近い場合, ブラックホールは恒星のガスをはぎ取り, 飲みこむことがあります。はぎ取られたガスは, ブラックホールのまわりを高速で回転し, 円盤を形成するようになります。

理論上の産物だと思われていた天体が実際に観測された

近くの恒星からガスをうばって飲みこむブラックホールの想像図をえがきました。ブラックホールに関する謎は数多く残されており, 現在も研究が進められています。

コーヒーブレーク

天の川銀河の中心にある巨大ブラックホール

私たちの銀河の"主"が姿をあらわした

上は、いて座Aスターをとらえた画像です。オレンジ色の光は「光子リング」とよばれるもので（右のイラスト）、その中心にある黒い影の部分がブラックホールシャドウです。ただし、色は便宜的につけられたものです。

20 22年5月12日午後10時07分（日本時間），記者会見場に1枚の画像が映しだされました。**天の川銀河の中心にある巨大ブラックホール「いて座Aスター」を，世界ではじめて視覚的にとらえた姿です。**

オレンジ色の光は光子リングといい，ブラックホールの周囲にある光や電波が，強力な重力によって曲げられたものです。その中央の黒い部分の中に，巨大ブラックホールいて座Aスターがあります。この画像は，光子リングの逆光によってブラックホールの影（ブラックホールシャドウ）が浮かび上がっている状態です。

いて座Aスターのブラックホールシャドウの撮影に成功したのは，世界中の80の研究機関から300名以上の研究者が参加している国際共同研究プロジェクト「イベント・ホライズン・テレスコープ（EHT）」です。EHTは，世界各地に点在する複数の電波望遠鏡の観測データをつなぎ合わせることで，地球サイズの大きな電波望遠鏡を仮想的につくりだし，はるか遠くのブラックホールを観測しました。

ここまでブラックホールにせまった画像は，2019年4月に発表された「M87」のブラックホール画像につづき，人類史上2例目です。

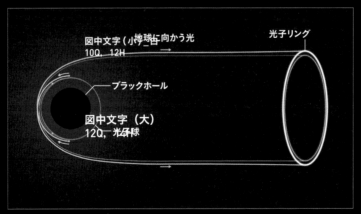

図中文字（小）地球に向かう光
10Q, 12H

ブラックホール

光子リング

図中文字（大）
12Q, 光子球

ブラックホールのまわりを取り巻く光がつくる「光子リング」

ブラックホールは巨大な重力によって，周辺にあるガスから放出される光や電波なども引き寄せます。その一部が，ブラックホールのまわりを取り巻くように球状になったものを「光子球」といいます。地球から光子球を観測すると，地球に向かってくる光がリング状になり，「光子リング」として観測されます。

相対性理論から生まれた現代物理学

時空のゆがみが，波のように伝わる「重力波」

一般相対性理論の提唱から100年目に解かれた宿題

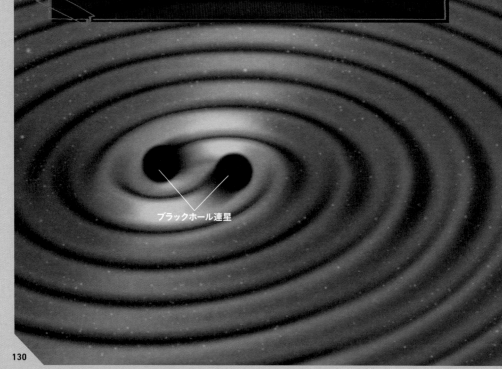

時空のさざ波「重力波」，直接観測成功！

重力波を発する「ブラックホール連星」のイメージです。観測された空間のゆがみは，最大でも1ミリメートルの1兆分の1のさらに100万分の1程度でした。また重力波の発生源は，大マゼラン銀河の方向，地球から約13億光年先の場所だと考えられています。

ブラックホール連星

ア インシュタインは，一般相対性理論から「重力波」の存在を予言しました。

重力波とは，時空ののびちぢみが波となって周囲に広がっていく現象です。ブラックホールのような超高密度な物体が動くと，時空のゆがみが水面上に広がる波のように，周囲に広がるというのです。ただし，地球からの距離にもよりますが，ブラックホールどうしの合体などがおきた場合，重力波の到来による時空のゆがみは，太陽と地球間の距離の中で原子の半径ほどが変動する程度の，きわめて小さなものです。そのため**重力波を直接観測は非常にむずかしく，「アインシュタイン最後の宿題」**ともよばれていました。

一般相対性理論の提唱から100年目の2015年9月，アメリカの重力波観測装置「LIGO」が，ついに重力波の直接観測に成功しました。解析によると，観測された重力波は，二つのブラックホールが徐々に近づき，衝突・合体するときに生じたと考えられます。衝突したブラックホールの質量はそれぞれ太陽の36倍と29倍で，これらが合体して太陽の62倍の質量をもつブラックホールになったのです。

$36 + 29 = 65$ ですが，合体後は太陽の62倍の質量にしかなっていません。**実はこの欠けた太陽三つ分の質量が，$E = mc^2$ にもとづいてぼう大なエネルギーに変換され，重力波として放射されたというわけです。**

地球

太陽

LIGO によって実際に検出された空間ののびちぢみ

ワシントン州にある
LIGO がとらえた波形

ルイジアナ州にある
LIGO がとらえた波形

上の波形は，LIGOが実際に観測した重力波（空間ののびちぢみの大きさ）です。LIGOは，アメリカのルイジアナ州とワシントン州の2か所に建設されています。その両方の設備がほぼ同じ形をした波を検出したことから，間違いなく重力波を検出したと結論づけられました。波形を見ると，だんだん波が大きくなり，極大をむかえたあと，急に波が小さくなっていることがわかります。この極大波形のときに，二つのブラックホールが合体したと考えられています。

一般相対性理論から生まれた『宇宙論』

いまだ謎に包まれている「宇宙のはじまり」にせまる

宇宙誕生から現在まで

宇宙の誕生の謎にせまるには，一般相対性理論と量子論を融合した理論が必要だと考えられていますが，まだ理論は完成しておらず，現在，さかんに研究が進められています。

対消滅

時間の進む方向 →

陽子

中性子

宇宙の創成
宇宙は，時間も空間も存在しない"無"から生まれたとも考えられていますが，くわしいことはわかっていません。

インフレーション
宇宙が誕生して10^{-36}秒後ごろ，宇宙は一瞬で10の何十乗倍にも巨大化しました。

ビッグバン
宇宙が誕生して10^{-27}秒後ごろ，宇宙は超高温・超高密度の空間となりました。

陽子や中性子の誕生
宇宙が誕生して0.00001秒後ごろ，陽子と中性子が生まれました。

1922年，旧ソビエト連邦の宇宙物理学者アレクサンドル・フリードマン（1888〜1925）は，一般相対性理論を適用すると宇宙空間全体が変化しうることをみちびきだしました。それがきっかけで，宇宙の誕生・進化・未来にせまる「宇宙論（cosmology）」が生まれました。

1929年，アメリカの天文学者エドウィン・ハッブル（1889〜1953）は，遠くの銀河ほど速く遠ざかることを発見しました。これは宇宙空間全体が膨張していることを意味し，時間をさかのぼると宇宙空間全体は小さくなって，最終的には「宇宙誕生の瞬間」があったと考えられます。

ある仮説によると，今から約138億年前，宇宙は“無”から生まれたといいます。その直後，宇宙は1秒よりもはるかに短い時間で，その大きさが約10^{43}倍※にもなるという急膨張（インフレーション）をおこしたと考えられています。宇宙誕生の10^{-27}秒後ごろには，インフレーションを引きおこしたエネルギーが「$E=mc^2$」にもとづいて素粒子や光に姿を変えました。そして，宇宙は超高温・超高密度の空間となりました（ビッグバン）。

宇宙はその後もゆるやかな膨張をつづけ，長い時間をかけて冷えていきました。その過程で原子がつくられ，星や銀河が誕生し，現在の宇宙になったと考えられています。

※：1兆×1兆×1兆×1000万倍。

水素原子

恒星

ヘリウム原子

銀河

ヘリウム原子核

宇宙の大規模構造

原子の誕生
宇宙が誕生して37万年後ごろに，水素などの原子核に電子がとらえられ，原子ができました。

星・銀河の誕生
宇宙が誕生して3億年後ごろに，最初の星が輝きはじめ，5億年後ごろまでに，不規則な形をした銀河が合体することで，大きな銀河がつくられました。

宇宙の大規模構造
銀河は，銀河が集まっている部分とほとんど存在しない部分とが，網の目のように入り組んでいます。

宇宙の未来をえがく「アインシュタイン方程式」

宇宙空間の膨張や収縮のしかたが計算できる

アインシュタインは最初,「宇宙空間は収縮も膨張もしない静的なもの」と考えていました。しかし一般相対性理論にもとづくと,星や銀河はそれぞれの重力で引き寄せ合うため,宇宙は長い時間をかけて収縮しそうです。

そこで彼は,一般相対性理論の方程式(アインシュタイン方程式)の中に「宇宙空間の斥力(反発力)」をあらわす項(宇宙項)を加え,収縮方向の力とバランスをとらせることで,"強引に"静的な宇宙像をつくり上げました。しかし,のちにアインシュタインは宇宙が膨張していることを認め,宇宙項を取り下げました。

膨張する宇宙について,かつては多くの科学者が「膨張速度は遅くなっていく」と考えていました。ところが1998年,宇宙は加速膨張しているという研究成果が発表されました。宇宙空間には「ダークエネルギー」という未知のエネルギーが満ちており,それが加速膨張の"アクセル役"を果たしているというのです。しかし,ダークエネルギーの正体はいまだ謎につつまれています。現在,多くの科学者は,「ダークエネルギーは数学的には宇宙項と同じもの」だと考えています。

アインシュタイン方程式

$$R_{\mu\nu} - \frac{1}{2}Rg_{\mu\nu} + \Lambda g_{\mu\nu} = \frac{8\pi G}{c^4}T_{\mu\nu}$$

ラムダ：Λ

円周率：π　重力定数：G　光速：c

物質の運動量とエネルギーをあらわす：$T_{\mu\nu}$

時空の状態
(どのくらい空間が曲がり,時間が遅れるかをあらわす)

宇宙項
宇宙空間を膨張させる方向に作用(斥力)をおよぼす

注:ミュー(μ)やニュー(ν)が右下に添え字としてついている記号は「テンソル」とよばれ,大きさと向きをもった「ベクトル」の概念を拡張したものです。

134

従来の膨張がつづく場合

ダークエネルギーの密度がずっと一定であれば，宇宙は今後も，ゆるやかな加速膨張をつづけると考えられています。

現在の宇宙

未来の宇宙

ダークエネルギーによる斥力（現在より減少）

重力

ビッグバン

重力

未来の宇宙

現在の宇宙

ビッグバン

――ダークエネルギーによる斥力（現在とかわらない）

膨張から収縮に転じる場合

ダークエネルギーの密度が減少すると，宇宙は膨張から収縮に転じ，最終的には宇宙にあるすべての物質が一点に集まって，宇宙は終焉をむかえるといいます（ビッグクランチ）。

宇宙の未来はどうなるのか？

宇宙が今後もこれまでどおりの加速膨張をつづける場合と，膨張から収縮に転じる場合，膨張がさらに急激に進む場合のイメージをえがきました。

未来の宇宙

ダークエネルギーによる斥力（現在より増加）

重力

現在の宇宙

ビッグバン

これまでの速度を上まわる急激な膨張をする場合

ダークエネルギーの密度が増加すると，宇宙はこれまでより大幅に速度を上げて膨張し，原子ですらふくれあがってバラバラになるといいます（ビッグリップ）。

アインシュタインがいどんだ 『力の統一』

重力と電磁気力の統一をめざした

ニュートンは，リンゴを落下させる力と月の公転を引きおこす力を統一し，「万有引力（重力）」としました（16〜17ページ）。マクスウェルは，電気力と磁力が「電磁気力」として統一的にあつかえることを示しました（38〜39ページ）。

重力と電磁気力には，似ている点があります。この二つの力が，ともに距離の2乗に反比例して小さくなるところです。**そこでアインシュタインは，この二つの力をまとめた新たな理論，「統一場理論」をつくろうとしました。**

アインシュタインは，ドイツの数理物理学者テオドール・カルツァ（1885〜1954）とスウェーデンの理論物理学者オスカー・クライン（1894〜1977）が提唱した「カルツァ・クライン理論」に刺激を受けました。彼らは，「この世界は三つの空間次元と一つの時間次元をもつ4次元時空だ」という常識を疑い，次元の数を一つ上げた

「5次元時空」に一般相対性理論を適用してみました。すると，方程式に出現した新たな項は，電磁気力そのものでした。すなわち，**「第5の次元」を追加すれば，重力だけでなく電磁気力さえも同じ理論の中で統一的にあつかえる可能性を見いだしたのです。**

では，第5の次元はどこにあるのでしょうか。カルツァとクラインは，第5の次元はあまりにも小さいため，誰もその存在に気づくことはないのだと主張しました（右下の図）。

アインシュタインは，カルツァ・クライン理論を土台とし，電磁気力と重力のより精密な統合をめざして研究を進めました。さらに「次元の追加」以外にもさまざまなアプローチをさぐり，統一場理論を完成させようとしました。しかしその研究は実を結ぶことのないまま，1955年4月18日にこの世を去りました。彼は死の前日まで研究に取り組んでいたといいます。

アインシュタインがいどんだ「力の統一」

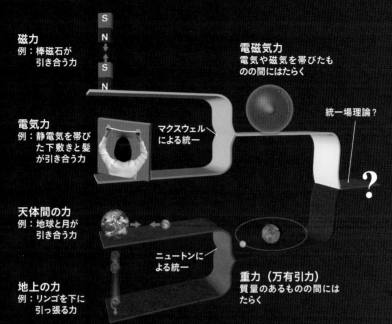

磁力
例：棒磁石が
引き合う力

電磁気力
電気や磁気を帯びたも
のの間にはたらく

電気力
例：静電気を帯び
た下敷きと髪
が引き合う力

マクスウェル
による統一

統一場理論？

天体間の力
例：地球と月が
引き合う力

ニュートンに
よる統一

地上の力
例：リンゴを下に
引っ張る力

重力（万有引力）
質量のあるものの間には
たらく

　ニュートンは，天体どうしにはたらく力と地上で物体が下向きに引っ張られる力を
「万有引力」として統一しました。また，マクスウェルは，電気の力と磁気の力を
「電磁気力」として統一しました。アインシュタインは，この二つの力をさらに統一
しようとしました。

棒を前後に動くアリ

1次元にみえる棒

アリは，前後だけで
なく，棒の円周方向
も歩くことができる

拡大するとあらわれる
「第二の次元」

かくれた次元
物理学者が予言する「かくれた次
元」の考え方を表現ししました。
細い棒は遠くから見れば一次元
の線ですが，拡大してみるともう
一つの次元が見えてきます。

相対性理論と量子論の 統合という夢

「超ひも理論」がその有力候補

電弱統一理論
電磁気力と弱い力を統一
する理論。1967年に発
表されました。

電磁気力
電気や磁気を帯びて
いるものの間にはた
らきます。

弱い力
中性子が陽子にかわ
るときなどにはたらき
ます。

強い力
クォークどうしをくっ
つけて陽子や中性子
をつくる力です。

重力
質量のあるものの
間にはたらきます。

アインシュタインが晩年をむかえるころ，重力と電磁気力に加えて，クォークどうしを結びつける「強い力」と，中性子が陽子に変わるとき（ベータ崩壊）などにはたらく「弱い力」の存在がわかってきました。**つまりこの宇宙には，重力，電磁気力，強い力，弱い力の「四つの力」が存在するのです。**しかし，アインシュタインは重力と電磁気力の統一にこだわり，新しく発見された二つの力には興味を示さなかったといいます。

アインシュタインの死後，四つの力のうち三つまでは統一の道筋がみえてきました。現在，重力も含めた四つの力を統一する"究極の理論"の研究が進められています。その有力候補が「超ひも理論（超弦理論）」です。

素粒子物理学では長い間，素粒子を大きさのない「点」とみなしていました。しかし超ひも理論では，すべての素粒子を「ひも」だと考えます。このひもの振動のしかたのちがいが，さまざまな素粒子に対応するというのです。

超ひも理論では，重力がはじめから理論の中に組みこまれています。さらに，超ひも理論は一般相対性理論と量子論を融合する理論でもあります。もしこの理論が完成すると，「ブラックホールの中心部の状態」や「宇宙誕生の瞬間」といった，ミクロな時空でおきている現象を解き明かす可能性があるといいます。

アインシュタインが取り組んだ「力の統一」という研究テーマは，形を変えながら今も脈々と現代物理学に受けつがれているのです。

大統一理論？
重力を除く三つの力を統一する理論。1974年に発表されましたが，まだ未完成です。

超ひも理論？
すべての素粒子を「ひも（弦）」だと考える「超ひも理論」が，"究極の理論"である可能性が高いと期待されています。

現代の物理学者が取り組む力の統一

現在，電磁気力と弱い力は「電弱統一理論」で統一されましたが，それより先はいまだ完成していません。重力も含めたすべての力を統一できるのではないかと期待されている有望な理論が「超ひも理論」です。

おわりに

　これで「相対性理論」はおわりです。いかがでしたか。

　アインシュタインは16歳のときに，「もし自分が鏡を持って光の速さで飛んだら，鏡に顔は映るのだろうか」という疑問を抱き，最終的に，時間と空間は一体になって"のびちぢみする"ことを発見しました。

　そもそも，人間が光の速さで飛ぶことなどできません。しかし，アインシュタインはそんな常識にとらわれることなく，真剣に悩み，大人になってからもこの疑問と向き合いつづけた結果，物理学に革命をおこした大理論を築き上げたのです。

　相対性理論は，その後の物理学に大きな発展をもたらしました。そして，現代物理学は相対性理論をベースにしながら，自然界のさまざまな謎の解明に取り組んでいます。

　この本を読むことで，相対性理論への興味が深まりましたら，とてもうれしく思います。

141

絵と図でよくわかる
数と数式の神秘
数の基本から世紀の難問まで

ニュートン編集部 編著

14歳からのニュートン
超絵解本

素数、√、無限につづく数式…
数と数式を知れば知るほど
その面白さに魅了される

360年を経て証明された
フェルマーの最終定理

無限の足し算で
円周率πがあらわれる

三角関数から生まれた
世界一美しい数式

―――― 目次(抜粋)――――

Staff

Editorial Management	中村真哉
Cover Design	岩本陽一
Design Format	宮川愛理
Editorial Staff	小松研吾, 佐藤貴美子

Photograph

60-61	joyfuji/stock.adobe.com
98	NASA, Andrew Fruchter and the EROTeam (Sylvia Baggett (STScI), Richard
128	EHT Collaboration

Illustration

表紙カバー	Newton Press, 黒田清桐		79〜101	Newton Press
表紙	Newton Press, 黒田清桐		102-103	吉原成行
2	Newton Press, 黒田清桐		104〜109	Newton Press
6	吉原成行		111	黒田清桐, 小林 稔, Newton Press
9	Newton Press, 吉原成行		112-113	黒田清桐
10〜19	Newton Press		114-115	Newton Press
20-21	吉原成行		116〜119	吉原成行
23	【アインシュタイン】黒田清桐		120〜125	Newton Press
25〜39	Newton Press		126-127	小林 稔
41	【マクスウェル】黒田清桐		129	Newton Press
42-43	吉原成行		130-131	加藤愛一
44〜47	Newton Press		132-133	Newton Press
48-49	吉原成行		134-135	太湯雅晴, Newton Press
51	Newton Press		137〜139	Newton Press
53〜59	Newton Press		141	Newton Press
62〜77	Newton Press			

本書は主に、ニュートンライト3.0『相対性理論』, ニュートン別冊『ゼロからわかる相対性理論改訂第2版』,『東京大学の先生伝授 文系のための めっちゃやさしい相対性理論』の一部記事を抜粋し, 大幅に加筆・再編集したものです。

初出記事へのご協力者（敬称略）:
江馬一弘（上智大学理工学部教授）
齊藤英治（東京大学工学系研究科物理工学専攻教授）
佐藤勝彦（東京大学名誉教授）
橋本省二（高エネルギー加速器研究機構教授）
福谷克之（東京大学生産技術研究所教授）
二間瀬敏史（京都産業大学理学部宇宙物理・気象学科教授）
松浦 壮（慶應義塾大学商学部教授）
松原隆彦（高エネルギー加速器研究機構素粒子原子核研究所教授）
向山信治（京都大学基礎物理学研究所教授）
吉田直紀（東京大学大学院教授）
和田純夫（元・東京大学総合文化研究科専任講師）

14歳からのニュートン
超絵解本

時間と空間の謎を解き明かす

絵と図でよくわかる相対性理論

2023年3月15日発行　　2024年7月20日第2刷

発行人	松田洋太郎
編集人	中村真哉
発行所	株式会社 ニュートンプレス
	〒112-0012東京都文京区大塚3-11-6
	https://www.newtonpress.co.jp
	電話 03-5940-2451

© Newton Press 2023　Printed in Taiwan
ISBN978-4-315-52669-1